劉奕含 著

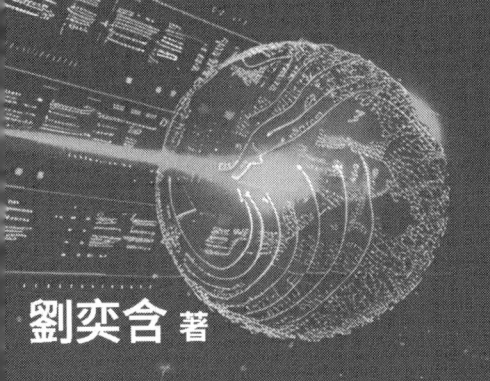

METAVERSE
AND AI

科技驅動的 AI 新紀元
元宇宙革命

遊戲產業 ╳ 數位經濟 ╳ 金融支付 ╳ 智慧駕駛……
深入探索虛擬世界，掌握數位時代新趨勢！

元宇宙全景——打開虛擬與現實的平行世界！
Facebook 晉升成 Metaverse、Robolx 概念股上市……

BIGANT 技術 ╳ 四大本質衍生 ╳ 虛擬產業結構 ╳ 未來發展型態
從基礎技術到投資趨勢，全面解析元宇宙的無限潛力！

目錄

1　揭開元宇宙的神祕面紗
什麼是元宇宙……………………………………006
想像力超群的元宇宙經濟學……………………019
我們為什麼要追求元宇宙………………………035

2　元宇宙誕生的底層邏輯
元宇宙技術六大護法 —— BIGANT ……………046
元宇宙的本質是四大衍生………………………058
先行者如何創造元宇宙…………………………069

3　「元宇宙」應用說明書
遊戲產業：玩出來的平行新世界………………080
金融支付：被重塑的數位金融時代……………089
智慧汽車：讓「自動+智慧」駕駛觸手可及……101

目錄

4　元宇宙時代的數位經濟新玩法
IP 經濟：虛擬數位人爆紅帶來的啟示…………116
社群經濟：數位時代的經濟變革………………122
藝術經濟：誕生即不朽，賦予藝術永恆的生命……130

5　關於元宇宙的另一面
未來，在元宇宙裡的每一天………………………140
元宇宙的治理之「DAO」…………………………145
冰山之下：元宇宙的另一面………………………157

6　元宇宙帶來了哪些啟發
關於元宇宙的投資機會……………………………168
元宇宙時代，傳統企業如何乘風而起……………171
元宇宙時代的職業新機會…………………………177

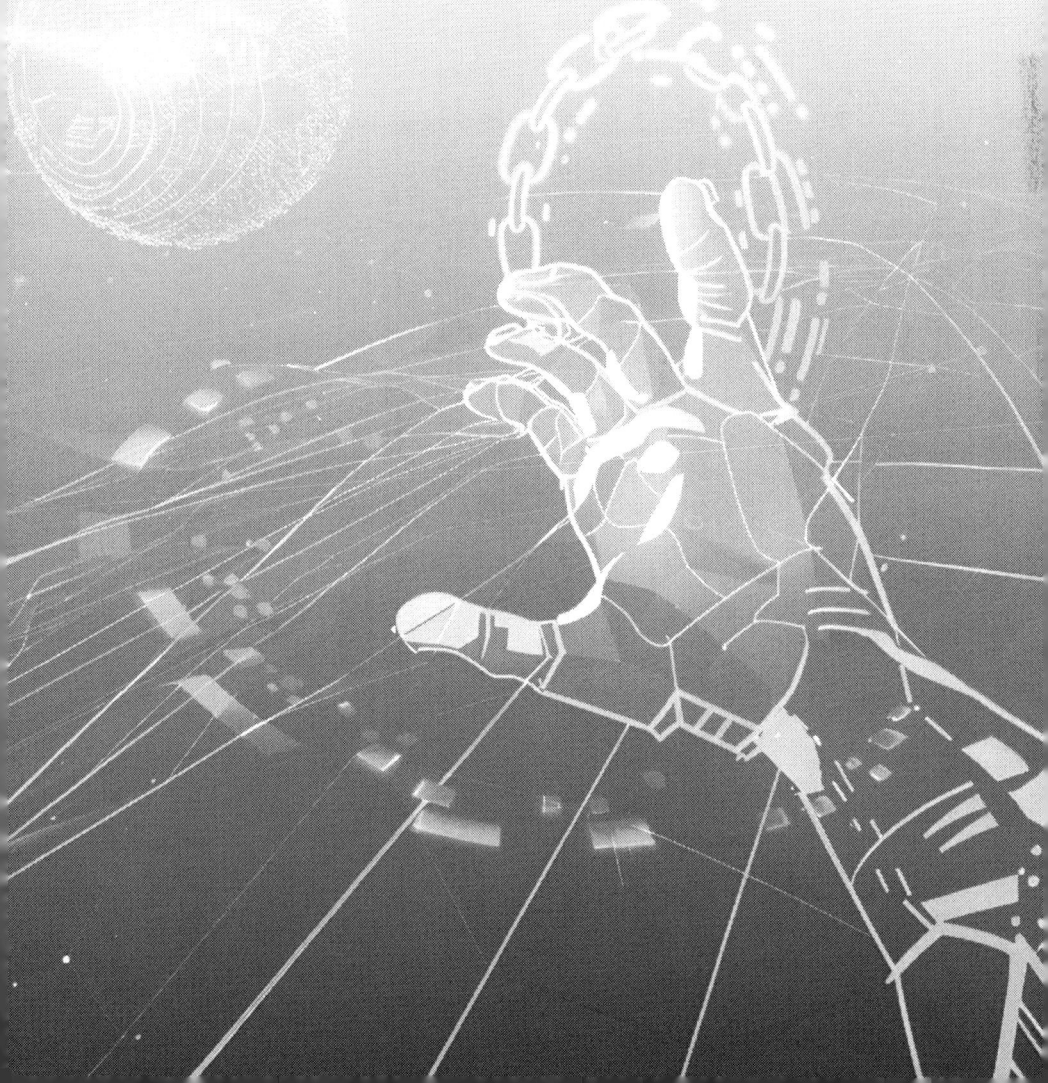

1
揭開元宇宙的神祕面紗

1　揭開元宇宙的神祕面紗

什麼是元宇宙

2021 年 6 月，facebook（臉書）創辦人兼執行長馬克・祖克柏（Mark Elliot Zuckerberg）在接受媒體專訪時表示，facebook 的未來規劃遠不僅是社群媒體，而是元宇宙。他計劃用 5 年左右的時間，將 facebook 打造為一家元宇宙公司，並高調宣布將公司名稱改為 Meta，它是 Metaverse 的縮寫，也就是元宇宙的意思。此消息一傳出，媒體一片譁然，「元宇宙」一詞也迅速在網路上走紅。

其實，facebook 並不是第一個高調宣布涉足元宇宙的公司，早在 2021 年 3 月，第一支元宇宙概念股──Roblox（機器磚塊）在紐約證券交易所上市，首日估值達到 450 億美元。作為第一個將 Metaverse 寫進招股說明書的公司，Roblox 的出現同樣引爆了科技投資圈。截至 2021 年 12 月，Roblox 的股價累計漲幅高達 179%。並且，該公司並非徒有概念，在實際營運中，Roblox 作為一款世界最大的線上創作遊戲，吸引了超過 700 萬名自由遊戲開發者，玩家參與總時長超過

222億小時,同時線上人數最高達到570萬。該公司執行長大衛‧巴斯祖基(David Baszucki)曾表示:「我們在17年前就預見了元宇宙的興起,一直在鑽研該領域的創新。」

虛擬世界和真實世界的大門已經開啟,無論是從虛到實,還是由實入虛,都在致力於幫助使用者實現更真實的體驗。從消費網際網路到產業網際網路,應用場景也已開啟。通訊、社交在影片化,視訊會議、直播崛起,遊戲也在雲端化。隨著VR等新技術、新硬體和軟體在各種不同場景下的推動,又一場大洗牌即將開始。就像行動網際網路轉型一樣,上不了船的人將逐漸落伍。

大廠們紛紛進軍元宇宙,摩拳擦掌,希望在賽道裡搶占先機,這也讓大家越來越好奇:元宇宙究竟是什麼?為什麼可以讓諸位大老競折腰呢?

追本溯源,元宇宙的概念最早出現在科幻作家尼爾‧史蒂文森(Neal Town Stephenson)於1992年出版的科幻小說《雪崩》(*Snow Crash*)裡,小說中描述了一個平行於現實世界的網路世界──超元域(即元宇宙),人們只需要透過一臺特製的電腦,就可以輕鬆進入超元域。超元域也被稱為Metaverse,它由Meta和Verse兩個詞根構成,Meta表示超越,Verse表示宇宙,也就是元宇宙的意思。

1　揭開元宇宙的神祕面紗

《雪崩》中對元宇宙的描述如下：

「阿弘（主角）這臺電腦的頂部光滑而又平坦，只有一個廣角魚眼鏡頭凸出在外——這是一個拋光的玻璃半球體，覆蓋著淡紫色的光學塗層……只要在人的兩隻眼睛前方各自繪一幅稍有不同的影像，就能營造出 3D 效果。再將這幅立體影像以每秒 72 次的速率進行切換，它便活動起來。當這幅 3D 動態影像以 2,000×2,000 的畫素解析度呈現時，它就如同肉眼所能辨識的任何畫面一樣清晰。而一旦小小的耳機中傳出立體聲數位音響，一連串活動的 3D 畫面就擁有了完美的逼真配音。所以說，阿弘並非真正身處此地。實際上，他在一個由電腦生成的世界裡：電腦將這片天地描繪在他的目鏡上，將聲音送入他的耳機中。」

在超元域裡，人們透過目鏡裝置看到各種景象，那裡燈火輝煌，有數百萬人正在中央大街上穿梭。這條大街與真實世界唯一的差別就是它並非真正存在，它只是電腦合成影像。超元域裡還有一套明確而嚴格的世界規則，比如：「電腦協會全球多媒體協定組織」的忍者級霸主們都是繪製電腦圖形的高手，他們精心制定出協定，確立大街的規模和長度。如果人們想要在自己的街區修繕建築，哪怕是把物品放在大街上，都必須徵求「全球多媒體協定組織」的批准，還要購買

臨街的門面土地,得到分割槽規劃許可,獲得相關執照⋯⋯等等。

所以,在《雪崩》裡,元宇宙並不是一個具體的對象,而是一個全新的、集體的、持續的、共享的虛擬世界的總和,它既不是現實世界的衍生或副本,也不是 AR、VR 等擴增、虛擬實境的簡單應用,更不僅僅是一款體驗逼真的網路遊戲。元宇宙是一個真實的數位社會,是當前網際網路生態的進階版,是一個在物理層面與現實世界相互影響和依託,在精神層面又超越現實世界的網路平行層。

著名導演史蒂芬・史匹柏(Steven Spielberg)執導的科幻電影《一級玩家》(*Ready Player One*)裡也描述了這樣的情景,可以幫助我們理解元宇宙:

2045 年,遭遇能源危機的世界處於混亂和崩潰的邊緣,於是,人類紛紛在「綠洲(OASIS)」遊戲中尋找慰藉。這是一個由遊戲鬼才哈勒代打造的虛擬世界,人們只要戴上 VR 眼鏡,穿上 VR 體感裝置,就能夠進入這個超越真實世界的虛擬空間。

在這裡,都市無限繁華,玩家形象酷炫,有人加入純粹為了娛樂,也有人是為了找尋勝利的感覺,每天都有數十億人在裡面「生活」,其精彩和豐富程度遠超真實世界,又能讓

1　揭開元宇宙的神祕面紗

人從現實的苟且中超脫出來。一個在現實世界裡平凡無奇，甚至生活在最底層的普通人，也有機會在「綠洲」裡脫胎換骨、改變命運，成為舉世矚目的超級英雄，獲得榮譽、金錢、友情，甚至愛情。

在電影裡，有一句臺詞完美詮釋了「綠洲」的意義：「大家來到綠洲是因為可以做各種事情，但他們沉淪於此，是為了不一樣的人生。」

在電影之外的現實世界裡，遊戲《要塞英雄》（Fortnite）曾在 2020 年 4 月與美國著名歌手崔維斯‧史考特（Travis Scott）攜手，在全球各大伺服器上演了一場沉浸式演唱會，活動大獲成功，不僅吸引了超過 2,770 萬名玩家線上觀看，相當於 305 個國家體育館能容納的觀眾數量，歌手本人在網路上的關注度也上漲了 26%，熱門歌曲收聽量上漲了 50%，遊戲《要塞英雄》也因此獲得大量新玩家，玩家線上峰值打破了歷史紀錄。

我們可以看到，從小說《雪崩》中的描述，到 Roblox 的上市，從 facebook 的更名，再到《一級玩家》電影，以及「Minecraft」、《要塞英雄》等遊戲……關於元宇宙的景象，正一幕一幕地展開在我們眼前，雖然說元宇宙的概念仍然有很大的模糊性，但元宇宙帶給我們的是巨大的想像空間和創造熱情。

事實上,對於如何具體描述元宇宙,目前整個市場也沒有明確的概念。

Roblox的執行長大衛·巴斯祖基認為,元宇宙需要具備八個特徵,分別是:身分、朋友、沉浸感、低延遲、多元化、隨時隨地、經濟系統和文明。元宇宙是一個將所有人相互連結起來的3D虛擬世界,人們在裡面擁有自己的數位身分,在這個世界裡盡情互動,創造任何他們想要的東西。

著名分析師馬修·伯爾(Matthew Ball)認為,元宇宙需要具備六個特徵,分別是永續性、實時性、相容性、經濟功能、可連線性、可創造性。元宇宙不等同於虛擬空間或虛擬經濟,或僅僅是一種遊戲或使用者原創內容(UGC)平臺。元宇宙裡將有一個始終線上的實時世界,有無限量的人們同時參與其中,它將擁有完整執行的經濟體系,跨越實體和數位世界。

某大學新媒體研究中心執行主任認為,元宇宙本身不是一種技術,而是一個理念和概念,它需要整合不同的新技術,如5G、6G、人工智慧、大數據(big data)等,強調虛實相融。它基於擴增現實技術,提供沉浸式體驗;基於數位孿生(Digital twin)技術,生成現實世界的映像;基於區塊鏈技術,搭建經濟體系,將虛擬世界與現實世界在經濟系統、社

交系統、身分系統上密切融合,並允許每個使用者進行內容生產和世界編輯。

　　整體而言,元宇宙應該是一個能滿足人們社交、娛樂、創造、交易等需求的虛擬平臺。社交意味著人們能夠結交數位世界的朋友;娛樂意味著沉浸式的互動體驗;創造意味著有公平且受保護的內容創作機制以及展示和交易作品的舞臺;交易意味著有完善的經濟生態和支付體系,人們在元宇宙裡的數位資產都能夠被確定和估價,人們的數位身分也能被驗證和保護。

　　也就是說,理想狀態下的元宇宙,應該是現實世界的複製和超越,當我們在元宇宙裡合法建造了一棟虛擬的房子,和現實世界一樣,我們應該有權利不受限地將它賣掉,獲得「宇宙幣」或現實世界的貨幣,且交易價格由市場決定。

　　要達到這樣的效果,意味著元宇宙必須具備以下四個要素:

(1) 公平、穩定、強大的經濟系統,並且與現實世界互通

　　元宇宙需要有與現實世界相似、平行,甚至更強大的經濟系統,能夠保護使用者的虛擬權益,且這樣的經濟系統還需要與現實世界互通,讓使用者創造的虛擬資產可以脫離元宇宙系統平臺的約束,自由流通。

(2) 獨一無二且受保護的虛擬身分

每個人在元宇宙裡都有自己的化身,在《雪崩》中,這個化身被稱為阿凡達。這樣的化身應該具有獨一無二且可辨認的特性,並且受到嚴格的保護。就像現實世界的身分證一樣,我們在元宇宙裡也應該有自己的專屬身分,這是每個人擁有「宇宙權」的前提,這關係著我們在虛擬世界裡的人權、財產權等一切權利。

(3) 自由創作、社交、交易的權利

元宇宙是一個包羅萬象的平臺,離不開大量參與者的創新創作,因此,元宇宙需要一個開放式的共創生態,賦予每個人在元宇宙裡自由創作、社交、交易的權利,且對這些權利進行保護。

(4)「以假亂真」的沉浸式體驗

只靠 2D 畫面是沒辦法實現「元宇宙」的,元宇宙生態存在的前提,就是能夠為我們帶來「以假亂真」的沉浸式體驗。它需要一個立體的「真實」世界,我們透過 VR 和裝置,甚至能夠感覺到裡面的溫度、氣味和味道,在那個世界裡,它就是現實。

如果覺得上面的概念有點抽象,沒關係,我們來現場打造一個元宇宙世界:

1　揭開元宇宙的神祕面紗

(1) 元宇宙 1.0 版本：沉浸式體驗，感受能夠傳遞到現實生活

想像你正坐在電腦前，戴著高畫質的 VR 眼鏡，穿著全套的觸覺模擬服，玩著元宇宙版的《魔獸爭霸III：寒冰霸權》（*Warcraft III: The Frozen Throne*），你的角色是精靈族的叢林守護者，你去附近的海邊做任務，被藏在旁邊的海龜嚇得尖叫，還被噴了一身水，你的身體感到從頭涼到腳，甚至能聞到和嘗到海水的腥鹹。

(2) 元宇宙 2.0 版本：有社交，有創作，作品可以自由交易

這個時候，你在元宇宙裡的同族朋友守望者聽到尖叫趕了過來，幫你趕走了海龜。你非常感激，決定送他一幅你親自為他創作的 NFT（非同質化代幣）肖像畫，這幅畫價值 1,000 個宇宙幣，你可以用它兌換元宇宙裡的其他物品，也可以在現實生活中以 1,000 元的價格轉賣出去。

(3) 元宇宙 3.0 版本：元宇宙越來越重要，已經與現實無法區分

你在元宇宙裡的朋友越來越多，全世界各國的朋友都加了進來，你們常常一起分工合作完成任務，或者在元宇宙裡創造作品之後進行交易，用來賺取宇宙幣或各國貨幣，這甚至已經成為你主要的收入來源。

(4) 元宇宙 4.0 版本：形成獨有的文化和價值觀，與現實世界共生

為了維護秩序，元宇宙裡的 DAO（分散式自治組織）制定了宇宙法則，每個人都必須遵守。但是，不死族的恐懼魔王總是會破壞這套規則，他的團隊人數眾多而且強大，於是你聚集了一幫志同道合的朋友，你們在元宇宙裡展開了爭鬥，直到將他們永久趕出元宇宙，雖然在現實生活中，你們之間隔了整整一個太平洋。

(5) 元宇宙 5.0 版本：世界皆元宇宙，元宇宙與人類世界不可分割

當全世界的人們都加入了元宇宙，元宇宙也就發展到了極致，成為人類世界不可分割的一部分。科幻小說《雪崩》裡就描述過類似的情形：在一個覆蓋全人類的網路世界裡，每個人都有自己的化身（阿凡達），人們透過腦後的插管與這個世界相連結，用大腦操控化身在虛擬世界裡的生活，沒有人關心現實世界是什麼樣子，人們都沉浸在那個虛擬的世界裡，尋找希望。

看到這裡，不知道你對元宇宙是否多了一些理性的思考和感性的認知？雖然說，以人類目前還很匱乏的想像力，我們很難去模擬出未來元宇宙真實的樣子。但可以預見的是，

1 揭開元宇宙的神祕面紗

元宇宙是人類未來生活、娛樂、工作的主要媒介，是一個人人都能參與，也必將參與的數位新空間。

根據一份〈元宇宙發展研究報告 2.0 版〉的觀點，元宇宙是整合多種新技術產生的下一代網際網路應用和社會形態，它基於擴展現實技術和數位孿生實現時空拓展性；基於 AI 和物聯網（Internet of Things，簡稱 IoT）實現虛擬人、自然人和機器人的人機融生性；基於區塊鏈、Web3、數位典藏等實現經濟增值性。在社群系統、生產系統、經濟系統上虛實共生，每個使用者可進行世界編輯、內容生產和數位資產自我所有。簡單來說，元宇宙是未來社會形態的進一步應用和延伸，它不會以虛擬生活替代現實生活，而會形成虛實二維的新型生活方式；元宇宙不會以虛擬社會關係取代現實中的社會關係，而會催生線上、線下一體的新型社會關係；元宇宙並不會以虛擬經濟取代實體經濟，而會從虛擬領域賦予實體經濟新的活力。

所以，當元宇宙融合了區塊鏈、互動技術、電子遊戲、人工智慧、網路運算、物聯網等尖端技術，讓每個人都可以擺脫物理世界和現實條件的約束後，也就成了繼網際網路 1.0 版本──PC 網際網路和 2.0 版本──行動網路之後的 3.0 版本──元宇宙網際網路，這也是當前網際網路的進階生態。

具體來說，1.0版本的PC網際網路是指網路的萌芽期（1994～2008年），它的主要功能在於有效地傳遞資訊，讓人們可以透過網際網路進行搜尋、閱讀、購物、通訊和娛樂，在提高資訊獲取效率的同時，也降低了門檻，你只要有一臺電腦，就可以透過各個入口網站得到你想要的資訊。

2.0版本的行動網路是指網路的發展期（2008～2021年），它將我們對PC電腦的需求轉移到「永遠線上」、「隨時隨地」的智慧型手機上，讓我們可以不受時間、地點、場所的限制，獲取豐富的資訊，產生交流和交易，也誕生了電商購物平臺、電子商務、手機應用程式等行業大廠。

而3.0版本的元宇宙網際網路，則是指網路的進階版（2021年～？），在未來，我們將看到世界發生全新的變化：資產不再局限於現實生活，也存在於虛擬世界，且可以透過自由交易獲得現實報酬；誕生無數聞所未聞的新職業，比如元宇宙導遊、元宇宙藝術家等；數位世界與物理世界全方位疊加，讓現實與虛擬的區分失去意義；數據將成為最寶貴的元宇宙資產，一切都是數據，數據就是一切；交易透過區塊鏈和智慧型合約的形式得到保護；將誕生一批以社群為組織形式，以IP為組織核心，以分工合作為創造方式的新型商業體……等等。

1　揭開元宇宙的神祕面紗

那麼，這一天何時到來？沒有人知道，但我們可以合理地預見，隨著 VR、AR 技術的突破、人工智慧的發展、元宇宙出現熱賣商品、腦機介面（BCI）技術的突破和產品化等關鍵點的到來，元宇宙一定會迎來爆發式的發展高峰。

也許，真到了那一天，我們身為元宇宙世界的參與者、共創者、締造者和見證者，我們數輩人的堅持和探索，也可能被載入史冊，被地球封存，在若干萬年之後，等待被更高等的文明發現。誰知道呢？也許我們現在生活的世界，就是一個被外星高等文明創造出來的元宇宙呢？

想像力超群的元宇宙經濟學

什麼是經濟學？根據維基百科的定義，經濟學是一門對商品與服務的生產、分配和消費進行研究的社會科學。這句話聽起來有點抽象，我們來舉個例子：

比如你是某村的村長，村裡唯一的資源是一個養豬場。身為村長的你，每天需要思考的問題就是：如何經營養豬場成本最低，收益最大？如何繁育小豬才能讓大家每天都有豬肉吃？小豬長大後是吃掉還是賣掉獲益更高？豬場的收益在村民之間怎麼分配？……

個體經濟學就是解決上面這些問題。當然，分析一個國家的經濟不同於在村裡養豬、養雞，需要站在整體供需關係的角度，再加上貨幣政策、財政政策等工具來實現影響經濟的目的，這就是總體經濟學的範疇了。

在理論層面，世界上第一本真正意義上的經濟學著作，是英國經濟學家、哲學家亞當・史密斯（Adam Smith）在1776年出版的《國富論》（*The Wealth of Nations*），因為這部

著作，他被認為開創了現代經濟學的先河，被譽為「經濟學之父」。

在這本著作裡，有一個經典的論斷：「我們獲取的食物並非來自屠夫、釀酒師和麵包師的恩惠，而是出於他們利己的思想。」這句話只有區區數十個字，卻被經濟學界傳唱了兩百多年，因為它的內涵十分豐富，把經濟學的三大基本假設全部囊括在內：第一個假設是經濟個體都是利己的；第二個假設是經濟個體都是理性的；第三個假設是經濟資源都是稀少、短缺的。

前兩個假設也被稱為理性的經濟人假設，意思是每一個從事經濟活動的人都是利己的；每一個從事經濟活動的人所採取的經濟行為，都力圖以最小的經濟代價去獲得最大的經濟回報。西方經濟學家認為，在任何經濟活動中，只有這樣的人才是「合乎理性的」，否則就是非理性的。亞當‧史密斯還曾提出一個著名的經濟學概念，叫「看不見的手」，根據他的觀點，天性利己的人們在分工合作過程中，才會自然地實現契合。

而資源稀少、短缺性假設的前提是指資源都是有限的，而非無限的，就好像空氣是無限的，所以我們不需要為空氣付費，但氧氣瓶是有限的，需要付出生產技術、材料成本和

運輸成本才能得到,因此需要付費購買。

事實上,西方主流經濟學——新古典經濟學,就是在資源稀少、短缺性的假設前提下,來研究一個社會是如何配置稀有資源的,它主要涉及人們如何做出決策,如何互相交易和整體經濟如何執行等問題,遵循的是個體主義成本收益的分析方法。

這樣說可能有點抽象,我們用屠夫、釀酒師、麵包師來舉個例子:

屠夫、釀酒師、麵包師努力工作的最終目的,不是為了慈善和奉獻,而是為了獲得銷售肉、酒和麵包的利潤,這個動機是利己的。但是,也正因為他們是利己的,所以他們會好好準備肉、酒和麵包,保障它們的品質,而不會在裡面下毒,因為這樣他們就什麼也得不到了,所以他們也是理性的。而肉、酒和麵包並非無限供應、隨手可得,是需要經過飼養、釀造和烘焙才能得到的,這個過程耗費人力成本和物質成本,所以它們也是稀少、短缺的,人們要付出相應的價格才能買到。越是稀少、短缺的物品,越是供不應求,價格也就越高。

當然,在現實生活中,除了貨幣或財產等有形收益外,人們還可能追求幸福感、滿足感、榮譽感等無形收益,就像

1 揭開元宇宙的神祕面紗

亞當·史密斯在《國富論》中所說：「一個人因為某種才幹而贏得的讚譽，屬於他所獲報酬的一部分……對詩人和哲學家來說，榮譽幾乎是他報酬的全部。」所以，從經濟學的角度來說，樂於奉獻和賣麵包賺錢，兩者沒有本質上的差別。

理解了經濟學的三大假設，我們再來看看元宇宙。我們很容易發現，利己、理性、資源稀少、短缺這三大假設，在元宇宙的世界裡都不存在。

首先，元宇宙裡的個體並不利己，也不需要利己，他們從一出生，就被消滅了自私的基因。為什麼這樣說？根據馬斯洛（Abraham Harold Maslow）的需求層次理論，每個人的需求都不相同，但全部需求可以分成五項內容和兩個層級，其中兩個層級分別是低階和高階，五項內容分別是歸屬於低階的生理需求和安全需求，以及歸屬於高階的愛與歸屬的需求、被尊重的需求以及自我實現的需求。

具體來說，生理需求關乎食物、水、睡眠等；安全需求關乎人身、財產、家庭、健康等；愛與歸屬的需求關乎親情、友情和愛情等；被尊重的需求關乎自尊、信任、成就等；自我實現的需求關乎創造性、道德觀等。其中，低階需求與高階需求之間呈線性發展關係，當一個個體面臨生存威脅時，就只會產生低階需求，而不會產生高階需求；只有當低階需

求被滿足以後,才有可能出現部分或全部的高階需求(如圖 1-1 所示)。

我們可以想像一下,生活在元宇宙裡的化身(阿凡達)們的需求等級處於哪一級?不用懷疑,一定是處於高階需求的層面,比如愛與歸屬的需求、被尊重的需求、自我實現的需求等,因為他們早已擺脫了生老病死、夏熱冬寒的生理需求,不曾體會什麼是飢餓和匱乏,連生命都是永恆的。自古以來人類帝王想要煉造的長生不老藥,他們生而有之。因此,他們本來就是人類在精神世界的化身,他們存在的意義,就是滿足生活在物理層面的人們去體驗不一樣的人生。

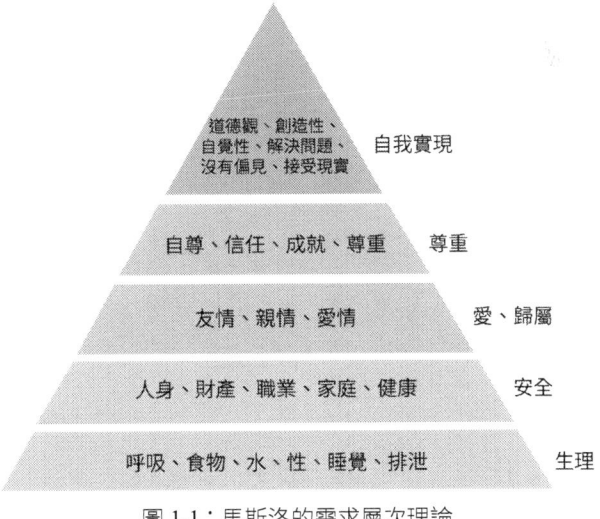

層級	內容	需求
頂層	道德觀、創造性、自覺性、解決問題、沒有偏見、接受現實	自我實現
	自尊、信任、成就、尊重	尊重
	友情、親情、愛情	愛、歸屬
	人身、財產、職業、家庭、健康	安全
底層	呼吸、食物、水、性、睡覺、排泄	生理

圖 1-1:馬斯洛的需求層次理論

1　揭開元宇宙的神祕面紗

所以，元宇宙世界會更容易產生無畏、無私的群體文化，大家可以拋棄現實生活中的一切阻礙，為了共同的目標團結一心，互相幫助，甚至自我犧牲。就像《一級玩家》裡一心想為父親復仇的女主角雅蒂米思，集結了男主角帕西法爾和一群不同膚色、年齡的朋友，在現實世界和「綠洲」裡與反派諾蘭激烈戰鬥一樣，他們之前沒有見過面，不知道對方的真實姓名和樣貌，但這一切付出都是自願、自發的。這些在現實世界裡難以想像的事情，元宇宙卻提供了實現的平臺。如果一定要問是什麼原因，我認為它來自人群價值觀的共鳴、對集體勝利的願景、人與人之間的奇妙情誼等複雜而高級的精神需求。

其次，元宇宙裡的個體並不理性，或者說，理性對他們而言並不重要，他們更加追求在這個虛擬世界的體驗感受。《一級玩家》裡的韋德，在現實生活中膽小、害羞、不合群，可是到了「綠洲」裡，他立刻變得自信、勇敢，大膽地和心儀的女生尬舞，成為團隊領袖與反派戰鬥，這是一種對虛擬實境的補償，也是對現實生活中不可能完成的夢想的精神寄託。

所以，與其說元宇宙裡的化身（阿凡達）是現實生活中人們的翻版，不如說他們是一群在另一個世界裡遊戲人生的「靈魂」。在那個虛擬的世界裡，他們肆意灑脫，可以不

計代價，因為最糟糕的情況也不過就是退出遊戲，然後從頭再來。

最後，元宇宙裡的資源並非是稀少、短缺的。資源的限制是傳統經濟學最主要的約束條件和假設前提。在中文裡，「經濟」一詞本身也有「節省」、「實惠」的含義，比如經濟型酒店等。自古以來，人類就飽受資源有限的折磨，需要在有限的資源裡透過技術提升，得到更高的產量。

但是，元宇宙裡的世界是虛擬的，元宇宙的經濟也無非是由一串「0」和「1」組成的數字組合，除了物理的「電」之外，元宇宙不會耗費任何現實世界的能量。對元宇宙的創造者來說，想要讓元宇宙裡的資產翻十倍，也只需要執行一串程式碼而已，只是站在「宇宙規則」和治理的角度，這樣的行為不會被允許。

既然元宇宙裡的資源是無限供應的，傳統經濟學基於「資源稀少、短缺」的假設也不復存在，阿凡達之間也沒有零和博弈的競爭，大家都生活在一個開放的、無限的、公平的、鼓勵合作的完美世界。

那麼，元宇宙裡的經濟學應該是什麼樣的呢？

我認為現在回答這個問題還為時過早，但有兩個方面值得關注：第一是關於價值的構成；第二是關於邊際效益。

1　揭開元宇宙的神祕面紗

(1) 價值的構成

在傳統經濟學領域，商品的價值是由生產該商品的社會必要勞動時間決定的，也就是說，價值是由人類無差別勞動所創造的，商品只是人類無差別勞動的有形凝結，它的背後是必要勞動時間和勞動關係，是一種相對客觀的、可公允估價的價值體系。

但是在元宇宙的世界裡，價值並非產生於勞動，而是產生於興趣，也就是說，價值可以被稱為是一種圈子文化或「認同的力量」。舉個例子，專櫃裡的名牌包價格動輒數十萬元，但其製作成本與售價數千元的包包相差無幾，甚至可能還不如後者耐用，但這並不影響名牌包的銷量和品牌知名度。

同樣地，名人的真跡畫作一向價格不菲，有的甚至價值連城，收藏家們對此狂熱追逐，有多少商賈雅士以收藏齊白石、張大千的真跡為傲。如果換成是臨摹品，雖然可能筆墨更加細膩，儲存更加完善，使用的筆墨紙硯也與原作相差無幾，甚至構圖、畫技還更勝一籌，但價格卻與原作相差千里。之所以產生這樣的現象，是因為名牌包和名畫的價值並非取決於無差別勞動的成本，而在於它代表了一種特定的圈子文化，是一種「認同的力量」。

在元宇宙這個虛擬世界裡，一切資產都是數位化的，沒

有有形的成本，只有無形的創意。比如在元宇宙裡繪製一幅畫作，不需要筆墨紙硯，只需要一串獨一無二的NFT，且作品一旦被創作出來，就永遠存在，不會折舊、不會磨損，也不需要考量倉儲、物流、人工等現實問題。因此，在元宇宙裡，以認同感為核心的圈子文化會更加突顯，商品的價值由大家的喜歡程度來決定。

2021年5月，在全球頂尖拍賣行佳士得（Christie's）的拍賣會上，9個純數位化的加密龐克族NFT最終以1,696萬美元的總價格拍賣成交。儘管這個價格高得令人驚嘆，但仍有一些分析人士認為這個價格非常合理，原因是這9個頭像中，包含一個極其稀有的外星人頭像。

無獨有偶，2021年6月，在蘇富比（Sotheby's）的一場線上拍賣活動上，一個編號為#7523的加密龐克族NFT的成交價達到1,175萬美元，創下單個加密龐克族拍賣成交最高價的紀錄。事實上，截至2021年8月21日，加密龐克族的歷史交易額已達到10.9億美元，最便宜的一個加密龐克族的價格也將近17萬美元。

試想一下，這些由畫素生成器自動生成的、幾乎零成本的頭像，為何能賣出如此高價呢？這只能用崇尚「個性」、「有趣」、「潮」的圈子文化來解釋了。

(2) 邊際效益

這裡的邊際效益是指邊際收益和邊際成本。在傳統經濟學領域，有兩個著名的定律，第一個是邊際收益遞減規律，是指在短期生產過程中，在其他條件（如技術水準）不變的前提下，增加某種生產要素的投入，當該生產要素投入數量增加到一定程度後，再增加一單位該要素所帶來的效益增加量是遞減的。第二個是邊際成本遞增規律，它是指當產量增加到一定程度之後，若要繼續增加產量，那麼每增加一單位產量所需增加的成本也越來越大。

這樣說可能比較抽象，我們用「和尚挑水」的故事來解釋一下。小時候都聽過這個故事，「一個和尚挑水喝，兩個和尚抬水喝，三個和尚沒水喝」，這就是邊際收益遞減規律的最好例證。

只有一個和尚挑水（投入一單位生產要素）時，可以挑上來一桶水；兩個和尚挑水（增加投入一單位生產要素），還是挑上來一桶水，雖然比一個人挑的水更滿，但差別也不是很大，這時就出現了邊際成本遞增規律，雖然人手投入增加了一倍，但水量卻沒有增加一倍。到了三個和尚挑水時（再增加投入一單位生產要素），推諉糾紛出現了，於是反而沒有水喝了。這就是邊際收益遞減規律，如果技術水準沒有進步，

投入的生產要素卻不斷增加，最後的結果不僅不會更好，反而適得其反。

但是，在元宇宙裡，這兩個規律同樣很難成立。試想一下，當元宇宙成為現實世界的平行層，成為人們精神世界的寄託地，會存在邊際收益遞減的問題嗎？

其實不會，就好像我們現在很難脫離社群媒體進行社交一樣，當整個社群網路已經編織完成，每個人都會成為上面的一個節點，並沉迷於此，樂此不疲。從某種意義上來說，元宇宙裡的邊際收益應該是遞增的。至於邊際成本遞增規律，因為元宇宙裡的一切都是數據，複製、刪除的成本很低，所以它也失效了。

除此之外，我認為元宇宙經濟學還具有兩個顯著的特徵：第一個特徵是「計畫經濟」；第二個特徵是「信用至上」。

(1) 計畫經濟

元宇宙裡的一切都是數據，既然是數據，就是可獲取、可分析、可追蹤的，而這就讓「計畫經濟」成為可能。什麼是計畫經濟呢？計畫經濟的原本含義是對生產、資源分配以及產品消費事先進行計劃的經濟體制，包括生產什麼、生產多少、什麼時候生產，都由計畫決定並強制控制。

大家不要看到「計畫經濟」就談之色變，因為市場並非總

1 揭開元宇宙的神祕面紗

是有效的。自從亞當‧史密斯的《國富論》問世以來,「看不見的手」的理論一直成為西方主流經濟學信奉的教條。依據「看不見的手」的理論所推展出的結論,是以具備一個完全競爭的市場結構為前提的,當市場不完全的時候,市場失靈現象就很難避免。

所謂市場失靈,就是指市場競爭所實現的資源配置沒有達到帕雷托最適(Pareto optimality),或市場機制不能實現某些合意的社會目標。而在發展中國家,導致市場失靈的原因是多方面的,比如外部性(指一個人或一群人的行動和決策使另一個人或另一群人受損或受益的情況)、壟斷、市場不完全、分配不平等、體制不完善等。所以,既然市場機制並非盡善盡美,那麼在市場失靈的場合,政府對經濟執行的調節就非常有必要。

與計畫經濟相對的概念是市場經濟,它是指透過市場的自由交易來配置社會資源的經濟形式,具有資源配置遵循產權規則、決策分散化、自由和平等競爭以及價格協調、個體決策的特徵。

為什麼說在元宇宙裡,可以實現「計畫經濟」呢?這是因為元宇宙裡的一切都是數據,哪怕是裡面最昂貴的資產,也只是一串零成本的程式碼而已。這串程式碼本質上不存在稀少、

短缺性,沒有稀少、短缺性,交易市場也就不會存在。就好像在現實世界,碳排放權交易市場就是典型的計畫性市場,如果沒有碳排放權總量的限制,就不會出現碳排放權的交易。

而「計畫經濟」的祕密在於可以根據數據的回饋達到「以銷定產」的效果。以線上遊戲中出售「皮膚」為例,只要資訊夠充分,我們就可以用限量供應的方式來人為創造出供不應求的賣方市場。比如說,假設我們透過數據分析得知,遊戲裡有 1 萬名玩家喜歡一款名為「西施」的皮膚,這 1 萬名玩家在遊戲道具上的平均消費水準為 1,000 元,那麼,我們就可以把這款皮膚的銷售數量設定為限量 1 萬套,價格設定為每套 999 元。

反過來,如果我們沒有提前進行數據的獲取和分析,一不小心販售了 10 萬套「西施」皮膚,嚴重供過於求,定價仍為每套 999 元,這些「西施」皮膚很可能就滯銷了。

當然,前面只是一個概念的舉例,過程並不嚴謹,結論也並不精確,在實際操作中,還會有更多具體的、豐富的、科學的計算方法和角度。總而言之,在元宇宙裡,市場是可以經過精確計算的市場,只要我們掌握充分的數據,市場就可以變成「計畫經濟」的市場,且這樣的「計畫經濟」比市場經濟的資源配置效率更高。

1 揭開元宇宙的神祕面紗

(2) 信用至上

隨著科技的發展,行動支付改變了我們的生活,不用出門就可以買到東西,並且,行動支付掌握了大量的使用者數據,以及使用者授權的來自政府、金融機構等多方面數據,已建立了一個自己的信用體系。

在元宇宙的世界裡也是如此,化身(阿凡達)們的任何行為都會在元宇宙裡留下痕跡,這些數據最終也可以被記錄、被查詢、被追溯。所以,每一個宇宙居民都會有一個宇宙分數,當你想要和一位阿凡達進行交易時,最好先查查他的宇宙分數是多少,是否有違約或被投訴、被處罰的紀錄,如果阿凡達們想要在元宇宙裡辦貸款、分期、借閱、租賃等業務,也需要用到宇宙分數。

有一段話描述了元宇宙裡的這種情形:

親愛的使用者您好,您的氧氣值過低,預計將在 20 分鐘後死亡。您可以加入 VIP 會員,或觀看廣告啟動充氧功能。根據您的宇宙評分,您需要觀看廣告的時長為 1 小時。

抱歉,通知您,因餘額不足,您的 VIP 會員未購買成功。

抱歉,通知您,因為您的宇宙評分過低,我們無法為您辦理貸款。

溫馨提示，您可以自願出售您多餘的器官。

抱歉地通知您，因您的右腎已被銷售，您無法出售您的左腎。

親愛的使用者家屬您好，抱歉地通知您，您的家人——使用者編號XXX已經去世。根據使用者本人的授權及意願，他的遺體和資產將被用於抵消欠款，該使用者當前欠款為XXX宇宙幣。

其實，關於元宇宙的經濟形態，Epic Games公司執行長蒂姆・斯威尼（Tim Sweeney）曾在一次專題採訪中做出精彩的闡述：

「我們的目標是將元宇宙建設成平臺，還要為這個平臺制定經濟規則，確保消費者能夠參與這個媒體，還要確保各個領域都存在良性競爭，讓最優秀的創作者獲得成功，使他們能夠從自己的工作中真正獲利，能夠圍繞平臺發展自己的業務……應該有很多不同的公司能夠在這個平臺上提供服務，扮演自己的角色。而且非創作者獲取利潤時，必須透過競爭機制來分配利潤，確保其成本和利潤與他們所提供的服務相匹配……我希望元宇宙作為一種未來媒介，能夠成為比現存的任何封閉系統都更有效能的引擎，推動經濟效率提升……我認為元宇宙作為一個開放平臺，最終可能比任何一家公司

都大一個量級。」

透過蒂姆・斯威尼的描述，我們可以看到，元宇宙應該是一個開放式的經濟平臺，獨立、穩健、高效能，創作者可以在平臺創作並且獲利，公司扮演平臺服務商的角色，透過公平競爭獲利。

因此，元宇宙的經濟體系看起來更像是屬於觀念經濟學的範疇，就像經濟學家說的那樣：「現在到了用全新經濟學補充和替代傳統經濟學的歷史時刻。經過多年思考、探索、研究，我們提出觀念經濟學的理論思想，就是適應新時代和新經濟的一種努力。」也許，元宇宙經濟就是一種新時代下的觀念經濟呢！

我們為什麼要追求元宇宙

近幾年,《阿凡達》(*Avatar*)、《一級玩家》、《脫稿玩家》(*Free Guy*)等電影,已經向我們提前預演了未來人類的生活方式,也就是元宇宙的世界。關於元宇宙,有人認為是巨大的機遇,多家網路公司也在摩拳擦掌,爭相布局;但是,也有人認為現在談論元宇宙還為時過早,它是一個遠期目標,不是一、兩年靠一、兩家公司就能建成的。

一家影片分享網站的執行長在一次電話會議上說:「我覺得元宇宙這個概念,它的這個產品,不是一家公司就能做完的,因為沒有任何一家公司有這樣的內容、產能,能產出一個世界來。如果真的有一個元宇宙概念描述了無限寬廣的世界,有成百、上千萬,甚至上億人在這個世界裡,它一定需要非常、非常多的創作者不斷創作內容,才能讓上億使用者流連忘返,認為它是吸引人的世界。」同時他還強調,「我認為在元宇宙這個概念裡,有一個非常重要的東西,那就是它需要有一個循環的內容生態。」

1　揭開元宇宙的神祕面紗

那麼，為什麼元宇宙這樣的遠期目標，現在就已經紅遍全球了呢？從人性的角度來說，是因為它滿足了人們內心對於「虛擬實境補償」和「世界模擬」的需求。

米蘭・昆德拉（Milan Kundera）曾說過：「人永遠都無法知道自己該要什麼，因為人只能活一次，既不能拿它跟前世相比，也不能在來生加以修正。沒有任何方法可以檢驗哪種抉擇是好的，因為不存在任何比較。一切都是馬上經歷，僅此一次，不能準備。」正因為人生只能活一次，所以自古以來，人類都會努力創造虛擬世界，以此來補償在現實世界中缺失的東西。人們在虛擬世界的角色更像是人類對現實世界的精神補充，而不管是屬於未來的元宇宙，還是過去已經存在的文字、戲曲、繪畫、影片、遊戲等，都是人類實現精神補充的工具。

如果按照時間線和對人們生活的影響程度排序，我認為可以將這類「精神工具」的發展分為四個階段和三種境界，四個階段分別是寄情書畫（古代）、耳濡目染（近代）、身臨其境（現在）、虛實一體（未來），三種境界分別是視聽沉浸、參與共建、現實補償。

在古代，人們主要使用文字作為記錄思想和傳遞資訊的工具，不管是《莊子》的「北冥有魚，其名為鯤。鯤之大，不

知其幾千里也;化而為鳥,其名為鵬」,還是《西遊記》中師徒四人西天取經打遍妖魔鬼怪、歷經九九八十一難的場面,都是那個年代的「元宇宙」,是文人才子們利用文字這種工具創作出來的虛擬世界。

但是,文字的局限性也非常明顯。首先,它的門檻較高,寫作者和閱讀者都需要具備一定的文化知識和理解能力,而且古代文字傳播的範圍窄、效率低,即使是書信往來,整體的沉浸感和參與感也比較低。

後來,古人在文字之外,發展了繪畫和戲曲,藉助飛禽走獸和生旦淨丑抒情達意。不僅如此,古人還為帶有「輕微幻想」的作畫方式取了一個專門的名字,叫「詩意畫」。漢學家高居翰(James Cahill)在其作品中認為,「作為觀念和實踐中的詩意畫,在 11 世紀的北宋時期出現,同時伴隨著一連串相關的藝術發展」,而最早的詩意畫「更多是被辨識和體驗出來的,而不是被有意創造出來的」。詩意畫正是隨著文人畫興起的,二者的共同之處,即都有「言不能盡」之處。

在乾隆二十五年間,一度還出現了虛構繪製《萬國來朝圖》的事情,起因是乾隆皇帝在腦海中想像出一幅「萬國使臣各捧貢物來朝,齊聚一堂,向乾隆表示朝賀和臣服」的景象,於是傳旨「養心殿東暖閣明窗,著徐揚、張廷彥、金廷

1　揭開元宇宙的神祕面紗

標用白、絹畫萬國來朝大畫一張起稿呈覽」，畫家們只能東拼西湊，靠自己的想像力和對皇帝意境的揣摩，把這場根本沒有發生過的畫面拼湊出來了。

20 世紀以來，隨著時代的發展，影片應運而生，相對於靜態的文字和繪畫，電影、電視更能帶來視聽一體的立體感受，讓人不再需要靠想像才能獲得畫面，讓大家的沉浸感更好。但是，相對於文字和繪畫，影片的弊端在於需要昂貴的裝置才能獲得，且如果只是觀看影片，也無法獲得參與感。

到了 1950 年代，遊戲開始進入大眾的視野，且部分遊戲除了開發者設定的劇情之外，還會開放編輯器，讓玩家可以低門檻地進行二次創作，編輯器的功能和拓展場景也在不斷增加。比如任天堂開發的《薩爾達傳說：曠野之息》(*The Legend of Zelda: Breath of the Wild*)，玩家甚至可以放棄「救公主」的主線劇情，去自由選擇豐富多樣的更新方式。

不過，因為遊戲天生就具有很高的參與感，往往更能讓大眾沉浸其中，以至於因為沉浸感過於強烈，讓人沉迷於此，遊戲也被部分人士批評為「精神鴉片」。所以，如何適度使用遊戲工具，讓其成為對我們生活有益的部分，成了一門新時代的新功課。

在遊戲之上，進階版的精神補充工具就是元宇宙。在元

宇宙的世界裡，虛擬和現實相互交織，彼此區分的意義不大。元宇宙作為一種能夠相容並包含全人類生活方式的虛擬平行層，理應具有更低的門檻，可以盡量讓更多的大眾參與創作，甚至作為重要的生活方式。因此，元宇宙提供了最高階形式的虛擬實境補償，可以滿足人類對世界的終極幻想，人們在現實生活中因為種種約束無法達成的夢想，都可以十倍、百倍地在這個虛擬的空間裡落地生根。

基於上述「虛擬實境補償論」的觀點，我們可以知道，人類在現實世界所缺失的，將努力在虛擬世界進行補償，並且在有可能的時候，人類也會在現實世界實現虛擬世界中的補償。因為，現實世界是唯一的，它只能「眼見為實」，而虛擬世界是豐富且充滿無限可能的，可以「妙筆生花」，只要一支神筆，就可以「思山即山，思水即水，想前即前，想後即後」。因此，虛構一直是人類文明的底層衝動。

布希亞（Jean Baudrillard）區分了人類模擬歷史的三個階段：第一個階段是仿造，認為現實世界中才有價值，虛構活動要模擬、複製和反映真實世界，真實世界與它的仿造物涇渭分明。第二個階段是生產，價值受市場規律支配，目的是盈利，大規模生產出來的仿造物與真實的摹本成為平等關係。第三個階段是模擬，在此階段，擬像創造出「超現實」，

1 揭開元宇宙的神祕面紗

且把真實同化於它的自身之中,二者的界限消失,作為模仿對象的真實已經不存在,仿造物成了沒有原本東西的摹本,幻覺與現實混淆。

元宇宙正是第三階段的模擬,它是一個完整的有機生態,有獨立的組織機制,它打破了虛擬幻想與現實世界的邊界,向我們提出了活出另一種人生的可能性。既然元宇宙提供了一種可以讓人「重獲新生」的機會,人類體驗更寬廣人生的底層衝動,也將迎來最終極的方式——以全新的身分奔向另一個世界。

而這也是《超級智慧》(*Superintelligence: Paths, Dangers, Strategies*)的作者尼克・博斯特羅姆(Nick Bostrom)和特斯拉的創辦人兼執行長伊隆・馬斯克(Elon Musk)等人相信的「世界模擬」論。馬斯克曾經說過:「從統計學角度看,在如此漫長的時間內,很有可能存在一個文明,且他們找到了非常可信的模擬方法。這種情況一旦存在,那他們建立自己的虛擬多重空間就只是一個時間問題了。」

因此,如果我們假定一個文明為了得到補償而創造虛擬世界的衝動是永恆的,那麼,只要人類文明發展的時間夠長,就必然會創造出一個個的虛擬世界。事實上,人類自身所處的世界也極有可能是被上層設計者所打造的。比如,我

們此刻就有可能生存在一個外星高階文明打造的「元宇宙」裡，人類此刻對「元宇宙」的探索，不過是「1.0版元宇宙」的原住民因為不滿現有遊戲規則，對「2.0版元宇宙」提出了「系統更新」的渴望而已。

站在另外一個角度，技術渴望新革命的需求噴薄而出，也為元宇宙的爆發提供了土壤。具體來說，從古至今，人類社會經歷了原始文明、農耕文明、工業文明、數位文明四個時代。

在原始文明時代，人類以血親家族為族群，在宗族領袖的帶領下，大家彼此信任、分工合作，透過採集野果、狩獵野生動物得以生存。在這個階段，人類學會了製作工具以提高獲取食物的效率，例如：把石塊打磨成尖銳或者厚鈍的石製手斧，用它來襲擊野獸或挖掘植物塊根；發明了石臼、石杵，用來加工食物等。

在農耕文明時代，人類依靠生產農作物、馴養家畜獲得更穩定的生活保障，「男耕女織，自給自足」、「日出而作，日落而息」是農耕文明時代的真實寫照，並且形成了南稻北粟的發展格局。農耕文明是人類史上的第一種文明形態，使人類從食物的採集者變成食物的生產者，是生產力的第一次飛躍，不僅為人類帶來相對穩定的收穫和財富，進而形成了

相對富裕和安定的定居生活，還因為「倉廩實而知禮節，衣食足而知榮辱」，為衍生高雅的精神文化奠定了基礎。

到了工業文明時代，機械使生產效率大幅提高，造成了人口密集的城市化和勞動分工的專業化，教育、醫療、保險、服務等現代社會機構與制度也隨之產生。可以說，工業化在相當程度上決定了人類的生存與發展，資產階級之所以能夠在不到百年的時間中創造出遠超過去時代的生產力，正是因為資本主義社會工業生產力的迅速發展。

現在，到了數位文明時代，以網際網路、人工智慧、區塊鏈、物聯網為代表的數位技術，正以極快的速度形成巨大的產業和市場，使整個工業生產體系提升到新的臺階。這是一場全新的數位革命，但並非是「去工業化」，而是利用新的數據武器來進一步推動製造業的高品質發展。

因此，現在及未來的數位文明時代，是一個運用數位武器啟動工業高品質發展的時代。在這個時代，一方面，生產力的主體將發生質變，將主要依靠機器創造生產力價值，大量非創造性勞動力將被人工智慧所替代；另一方面，數位資產將成為數位文明時代的主流資產形態，而數位資產由一串「0-1」程式碼組成，打破了「資源稀少、短缺」的傳統經濟學假定，商品的價值也不再由人類的無差別勞動來決定，更加

取決於「認同的力量」，邊際收益遞減、邊際成本遞增等主流經濟學規律也面臨考驗。在這樣的背景下，只要打通了人與人、人與機器、機器與機器進行互動的底層溝通環境，一個與現有世界平行的新虛擬世界的出現，即將成為必然。

因此，不管是工業文明時代必然向數位文明迭代的發展程序，還是人工智慧、區塊鏈、VR、AR、物聯網等數位技術的興起；不管是從現實經濟到虛擬經濟、從現實束縛到虛擬體驗、從物理世界到數位孿生的進化邏輯，還是人類不斷突破邊界、探索未知、創造虛擬世界的底層衝動，都驗證了元宇宙誕生的必然性。

並且，人類對元宇宙的需求是真實存在的。對 C 端使用者而言，以遊戲為切入點，以全方位的沉浸方式體驗虛擬人生，將成為元宇宙發展初期的主要場景；對 B 端企業而言，使用虛擬模型提高工業生產的效率，比如使用虛擬模型完成產品的設計、組裝、測試和生產，可以顯著提升效率和降低誤差，同時大大降低人工成本。另外，區塊鏈供應鏈金融也是一個現實可行的應用場景，企業可以透過資產上鏈、環環追蹤、資訊互通的方式，解決與金融系統之間資訊不對稱的問題，從而緩解困境。關於這部分內容，我們還會在後面的章節裡詳細說到。

1 揭開元宇宙的神祕面紗

　　總而言之，元宇宙不只是一種新奇的網際網路體驗方式，而是 2040 年之後人類的主流生活方式，是工業化發展到現今階段的必然選擇。回顧過去，網際網路已經深刻地改變了人類的日常生活和經濟結構。在 20 年前，我們無法想像智慧手機、電子商務、行動支付、自媒體、O2O 模式、資產上鏈等新概念會如此深刻地影響我們的生活。在當下的時刻，我們也無法想像如果沒有網際網路，我們的生活又會是什麼樣子。

　　時代無限發展，且不可逆轉，而現在，潘朵拉的盒子已經開啟。展望未來的 20 年，元宇宙也將以更加深刻的方式影響人類社會，重塑發展體系。未來的元宇宙世界，必將經歷從現實世界的複製、模擬，再到拓展、延伸，之後迭代、進化，最後對現實世界進行反哺、共生的過程。

　　當然，因為元宇宙的「無極限性」，再加上目前相關底層技術和商業落地場景的經驗局限，它的發展必然也需要經過相當長，甚至無限長的時間，需要我們、甚至數代人的努力。可以預見，這中間也必然會經歷黑暗和挫折，我們需要多給它一點時間和耐心，就像培育小孩，應該用長遠的眼光、積極的態度、樂觀的精神來看待。

2
元宇宙誕生的底層邏輯

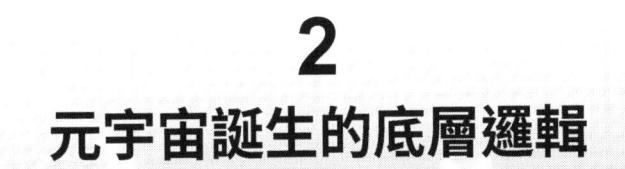

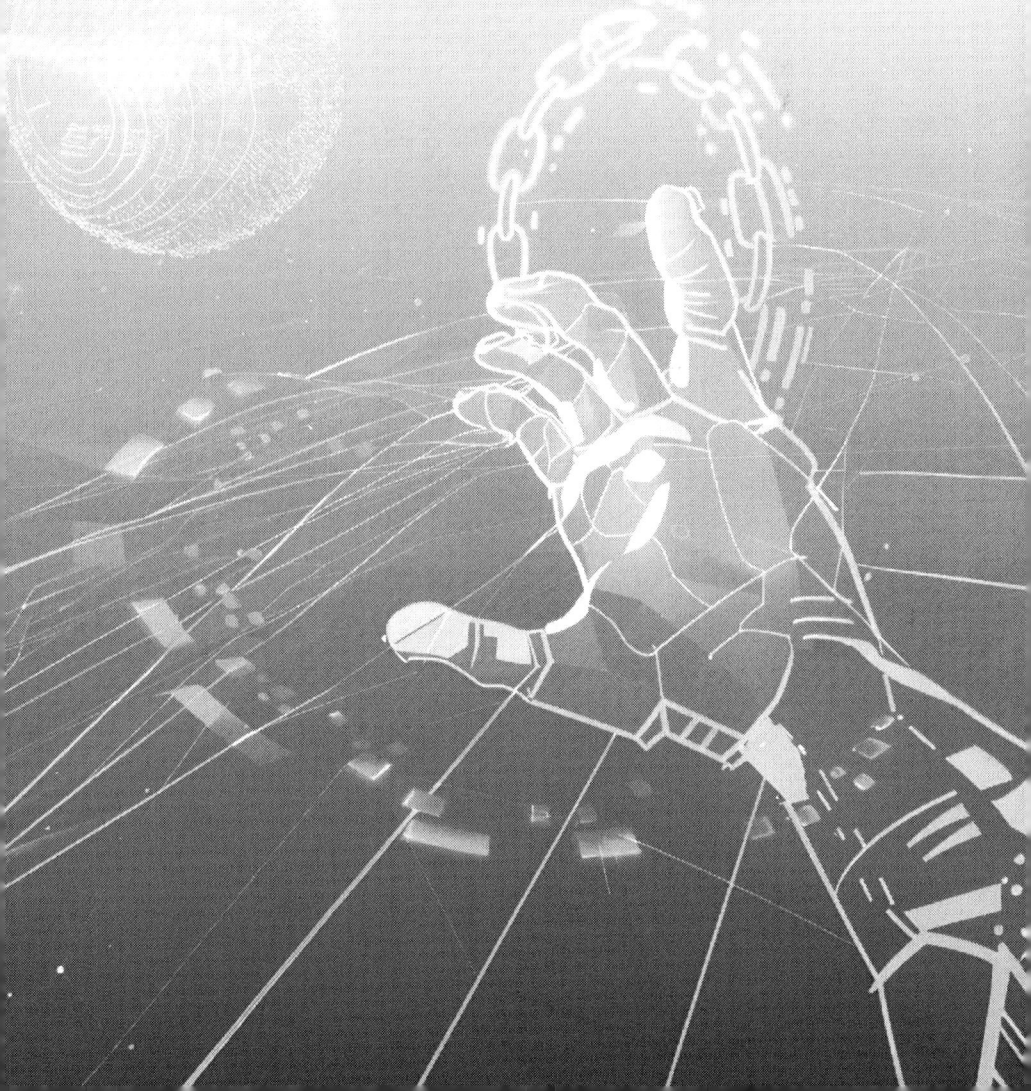

元宇宙技術六大護法 —— BIGANT

關於元宇宙的概念，前面已經多次闡述，事實上，元宇宙的概念仍在不斷發展、演變，一千個人心中裝著一千個元宇宙，不同的參與者都會以自己的方式不斷豐富著它的含義。但可以確定的是，元宇宙最終需要伴隨著晶片算力的提升、軟體設計引擎的大眾化、VR、AR等互動裝置的便利化、區塊鏈技術以及相關去中心化應用生態的不斷豐富，才能逐漸逼近理想的形態。

事實上，元宇宙本身就是無數技術與應用落地節點的集合。同時，因為元宇宙在沉浸感、參與度、永續性等方面提出了更高的技術要求，需要許多工具、平臺、基礎設施、協定等來支援執行。因此，元宇宙與各項技術之間的關係更像是「支援與反哺」：AR、VR、5G、雲端運算等技術的支援，會讓元宇宙有望從概念走向現實，用底層技術推動應用的迭代。但是，在這個從技術到應用的正向循環逐步打通之後，市場需求的大幅提升，又會反哺底層技術進行持續的進步與迭代。

根據技術派人士的主流觀點，支撐元宇宙實現的技術，主要分為六大方面，簡稱大螞蟻（BIGANT），分別是區塊鏈技術、互動技術、電子遊戲技術、人工智慧技術、網路及運算技術，以及物聯網技術。以下我來為大家逐一介紹：

1. 區塊鏈技術（Blockchain）

什麼是區塊鏈？想要了解區塊鏈是什麼，就必須先了解比特幣，因為，比特幣就是區塊鏈技術的第一個應用。事實上，在比特幣剛出現的時候，人們還沒有關注到區塊鏈，只是在近幾年，人們開始意識到比特幣在沒有中心化機構管理的情況下，依然可以持續穩定地執行，才有越來越多人開始關注比特幣的底層技術──區塊鏈，並以區塊鏈為基礎，研發了很多新的應用。

事實上，區塊鏈是由區塊（Block）和鏈（Chain）這兩個部分組成，兩者並不是同一件事，只是因為常常被運用在一起，所以被約定俗成地稱為區塊鏈。以比特幣為例，區塊的含義是資料區塊，也就是數據的儲存單位，每個區塊都紀錄著比特幣的詳細交易過程，而且帶著時戳；不同區塊之間，按照時間順序和某種演算法連接起來，就形成了鏈。

2 元宇宙誕生的底層邏輯

從專業角度來說，區塊鏈是一種分散式記帳技術，這是什麼意思呢？我們來舉個例子：

假設你是一個上班族，家裡上有老、下有小，開銷很大，每個月的錢都不知道花到哪裡去了，於是你報名了一個理財課，想要老師幫你改善消費狀況。老師說：「想要存錢，先從學會記帳開始。」於是，你買了一個帳簿，每天把收入和支出的情況都記了下來，亂花錢的狀況的確有所改善。

可是，到了月底，你發現還是沒剩下什麼錢，為什麼呢？因為你只是自己一個人在記帳，你的另一半、爸爸、媽媽卻沒有記帳，於是整個家庭的開支還是一筆糊塗帳。

於是，你決定號召他們三人一起記帳，並且都記在同一個帳簿上，你們互相提醒、監督，一起核對每一項花費，而且你們還約定，這些花費一旦被核對清楚、記在帳簿上，就不能被塗改和刪掉。你們嘗試了一段時間之後，發現整個家庭的帳務都變得非常清楚了，這個共同帳簿的數據和家裡的實際開支也非常吻合。

當然，這個故事只是拋磚引玉，它還遠遠不能描繪區塊鏈的全貌，從專業角度來說，區塊鏈具有以下三個特點：

(1) 區塊鏈是去中心化的

區塊鏈的數據並非是由某一方單獨寫入，而是由多方一

起寫，沒有誰可以單獨控制數據。這樣的記帳方式有非常大的好處，因為中心化記帳系統有一個非常明顯的缺陷，就是一旦中心控制者出現問題，整個系統就會受到影響，甚至崩潰，而區塊鏈的去中心化設計就規避了這個問題。

那麼它是如何規避的呢？重點就在於區塊鏈對節點的掌控，具體來說，它是一種以節點的計算能力來爭取記帳權利的機制。在比特幣系統中，只有計算能力強大的節點才能獲得記帳的權利，獲勝的「獎賞」就是比特幣，這個不斷獎勵高計算能力節點的過程，就是比特幣發行的過程。

(2) 區塊鏈是透明、真實、安全、可回溯的

在系統論中，系統的中心化程度越高，出現錯誤的可能性越大。在數據儲存方面也是如此，數據儲存的中心化程度越高，數據丟失或洩漏的風險也越大。而區塊鏈因為具有去中心化的特徵，數據資訊的分布是分散的，數據資訊變動的時候，需要得到各個節點的確認。因此，分散式帳簿不僅可以追溯所有資訊，還可以對每個節點進行監督，保障數據的真實和完整，即使發生極小機率的情況，比如部分數據被竄改，也可以透過數學演算法甄別出來。

(3) 區塊鏈代表著可信的數位化協定

很多專家認為，區塊鏈與智慧型合約密切相關。什麼是

2 元宇宙誕生的底層邏輯

智慧型合約呢？密碼學大師尼克・薩博（Nick Szabo）曾在1994年對「智慧型合約」做了定義：「智慧型合約是一套以數位形式定義的承諾，包括合約參與方可以在上面執行這些承諾的協定。」

這句話應該怎麼理解呢？我們來舉個例子：

假設我在某平臺上訂了一個飯店，從我提交訂單的那一刻起，實際上就已經生成了一份合約，這份合約包括以下內容：第一，我需要在多久時間內將住宿費支付給平臺；第二，平臺需要立刻將我的訂單資訊通知飯店，飯店需要根據我的訂單為我預留房間；第三，我在入住飯店並確認無誤後，確認收貨。如果不考慮售後的問題，這份合約到這裡就算正式完成了。

在這個過程中，我在平臺預訂房間，是一個虛擬化的買賣和金融活動，可以在智慧型合約的助力下自動觸發，而我去實體飯店入住房間，是在現實世界中進行的活動，我必須在完成入住之後，手動確認收貨，這個結果才可以被同步到虛擬世界。所以，確認收貨是虛擬世界與現實世界發生連結的一個關鍵動作。

但是，如果我在預訂飯店的時候，勾選了疫情取消險，那麼在符合條件時，保險公司如果可以在第一時間將理賠款自動匯到我的帳戶上，就可以提高理賠效率，減少我人工操

作的麻煩。這就是智慧型合約的一種應用方式。隨著區塊鏈的發展，這些自動化的事情都可以透過程式碼來操作。

當然，區塊鏈還有許多其他的應用方式，如一家普洱茶企業曾經把茶葉的數據放到區塊鏈上，客戶在購買茶葉時，可以知道這個茶來自哪座茶山的哪一株茶樹，讓客人買得更加放心。

再比如，網路上經常會出現為重症患者或失學兒童捐款的連結，但是大家在捐助時，多少會有些顧慮：對方的情況真實嗎？捐款真能送到對方手裡嗎？為了打消這些顧慮，公益機構也會用區塊鏈技術，讓捐款人可以清楚地檢視捐款使用的情況，也在一定程度上解決了陌生人之間的信任問題。

2. 互動技術（Interactivity）

什麼是互動？互動就是傳遞與交流的意思，是一種雙方或多方之間，就數據、技術、知識等進行的互動，而互動技術則是達到互動目的的一種方法。

目前，互動技術主要應用在以下六個方面：

(1) 無聲語音辨識；

(2) 眼動追蹤；

2 元宇宙誕生的底層邏輯

（3）仿生隱形眼鏡；

（4）人機互動；

（5）腦波互動；

（6）電觸覺刺激。

站在元宇宙的角度，應用最廣的方面應該是人機互動，這是一種主要研究人與電腦之間訊息交換的技術，包括人到電腦和電腦到人的訊息交換兩部分。具體來說：人們可以藉助鍵盤、滑鼠、數據採集服裝、眼動追蹤器等裝置，用手、腳、聲音、姿勢或身體的動作、眼睛，甚至腦電波等向電腦傳遞訊息，同時，電腦也可以透過印表機、顯示器、音響等輸出或顯示裝置，反過來為人提供訊息。

我們從電影《一級玩家》可以看出，在元宇宙的世界，大家追求的是一種「自然和諧」的人機互動體驗，這有賴於虛擬實境技術（簡稱VR）的發展。具體來說，虛擬實境技術是一種藉助電腦技術及硬體裝置來建立起一個具備高度真實感的虛擬環境的技術，使人們可以透過視覺、聽覺、觸覺、味覺、嗅覺等感官，產生身臨其境的感覺，它有三個非常鮮明的特徵：真實感、沉浸感、互動性。

其中，自然和諧的互動方式也是虛擬實境技術的一個重要研究內容，其目的是讓人能以聲音、動作、表情等自然方

式,與虛擬世界中的對象進行互動。不僅如此,大量的3D互動裝置,如立體眼鏡、頭盔式顯示器、數據服裝、位置追蹤器、眼動追蹤器、觸覺回饋裝置等配套裝備,都為「元宇宙式」的人機互動體驗提供了很好的硬體基礎。

隨著元宇宙概念的興起,人機互動領域更加大膽的創新精神也正在被喚醒,比如影片捕捉技術、語音辨識技術、紅外線遙測技術、多通道技術等的整合發展,必然為我們帶來前所未有的突破和驚喜。

未來的電腦系統也將更加強調「以人為本」、「自然和諧」的互動方式,讓元宇宙需要的真實感、沉浸感、互動感成為現實。我們可以大膽地暢想,在未來,人機互動可能出現整合化、網路化、智慧化的特點:

(1) 整合化

整合化是指未來我們的語音、手勢、表情、眼動、唇動、頭動、肢體姿勢、觸覺、嗅覺、味覺以及鍵盤、滑鼠等互動方式將整合在一起,成為更加自然、高效能的新一代互動技術。

(2) 網路化

網路化是指隨著無線網際網路、行動通訊網的快速發展,未來我們可以在不同裝置、不同網路、不同平臺之間進

行無縫過渡和擴展,我們可以在世界上的任何地方,透過全球化的網路,採用簡單自然的方式進行互動。

(3) 智慧化

目前,我們使用鍵盤和滑鼠等裝置進行的輸入都是精確的輸入,但我們的思想卻往往並不精確。準確地說,人類的語言和思想,本身就具有高度的模糊性,這些模糊的部分被稱之為習慣或靈感,它們雖然並不精確,但卻很有意義,中文裡的「只可意會,不可言傳」就有點這樣的味道。

因此,在人機互動過程中,如果可以讓電腦智慧地捕捉一個人的姿態、手勢、語音和情緒,了解人的意圖,且做出聰明的回饋和判斷,那麼互動活動的自然性和效率性一定可以得到大幅提升,使「人 —— 機」互動變得像「人 —— 人」互動一樣自然。

3. 電子遊戲技術 (Game)

電子遊戲最主要的技術是遊戲引擎。遊戲引擎是指一些已編寫好的可編輯電腦遊戲系統或一些互動式實時影像應用程式的核心元件,這些系統為遊戲設計者提供編寫遊戲所需的各種工具,其目的在於讓遊戲設計者能容易且快速地做出

遊戲程式而不用從零開始。遊戲引擎包含以下系統：瀏覽器引擎、物理引擎、碰撞檢測系統、音效、指令碼引擎、電腦動畫、人工智慧、網路引擎以及場景管理。

當前階段，電子遊戲算是與「元宇宙」概念最為接近的行業，但是兩者仍存在差距，這些差距主要展現在技術水準、內容供應、使用者體驗等諸多方面，需要透過其他技術手法進行彌補。

4. 人工智慧技術（AI）

什麼是人工智慧？人工智慧是一門研究、開發用於模擬、延伸和擴展人的智慧的理論、方法、技術及應用系統的新的技術科學。它與其他智慧最大的差別，在於人工智慧企圖了解智慧的實質，並生產出一種新的、能以人類智慧相似的方式做出反應的智慧機器。簡單來說，人工智慧是一種對人的意識、思維過程的模擬，它雖然不是人的智慧，但是卻可以像人一樣思考，甚至超過人的智慧。

事實上，人工智慧並不是「模仿人類」，而通常是「超越人類」，比如：阿爾法圍棋（AlphaGo）可以每天自我對弈100萬盤棋並從中學習；特斯拉可以每天從100萬輛車的實際行駛中吸收經驗；偵查系統可以在一秒內對比全世界所有機場

2 元宇宙誕生的底層邏輯

攝影機影片和所有通緝犯的人臉⋯⋯等等。

在電影《脫稿玩家》裡，主角蓋伊（Guy）就是一位具有人工智慧的 NPC，他會對每天重複的咖啡感到乏味，會對女主角一見鍾情，會想要過不一樣的人生，他甚至會思考人生的三個終極問題：「我是誰？」「我從哪裡來？」「我要到哪裡去？」並且，思考之下，他還會對自己的「人生價值」產生懷疑，最後還是那位黑人保全朋友給了他答案。

像蓋伊這樣已經擁有自己獨立思想、情感和價值觀的人工智慧，就是人工智慧的完整形態。除卻肉身之外，他和一個活生生的人幾乎沒有差別，甚至更加智慧，如果再加上一些基於電腦演算法的「超能力」，他就是一個超級人類了。

站在元宇宙的角度，隨著人工智慧的不斷發展，未來的人工智慧可能會往「群體智慧」的方向進一步延伸。《科學》雜誌（Science）於 2016 年 1 月 1 日發表的〈群智的力量〉認為，群體智慧與機器效能的結合，可以解決快速成長的難題。美國普林斯頓大學實驗室開發了 Eyewire 遊戲，玩家對顯微影像中單個細胞及其神經元，按功能進行塗色。該遊戲第一次提供了哺乳動物視網膜的神經元結構和組織如何產生檢測運動的功能。145 個國家共 165,000 多名科學家（玩家）參與，這就是一場群體智慧的演繹。

5. 網路及運算技術（Network）

網路及運算技術由「網路技術」和「運算技術」兩部分內容組成。網路技術是指透過主幹供應商、網路、交換中心、路由服務以及「最後一哩路」的服務，向消費者提供數據，由頻寬、延遲和可靠性這三個核心領域組成。而運算技術則包括了算力、演算法以及相關硬體和軟體的開發。網路及運算技術將為元宇宙應用提供數據傳輸基礎。

6. 物聯網技術（Internet of Things）

簡單來說，物聯網就是使物物相連的網際網路。物聯網技術是利用各種裝置與技術，透過採集聲、光、熱、電、力學、化學、生物、位置等資訊，透過各類可能的網路，實現物與物、物與人的連結，以及對物品和過程進行智慧化感知、辨識和管理的過程，被廣泛應用在智慧型家居、可穿戴式裝置、智慧汽車、智慧製造、智慧城市、智慧運輸系統等領域。

物聯網從興起到成熟，會依次帶動 ICT（資訊及通訊技術）產業「雲 —— 管 —— 端」的發展。「雲」是指雲端運算以及用以支撐雲端計算的基礎設施及資源，「管」是指通訊傳輸管道，「端」是指應用服務端。

元宇宙的本質是四大衍生

元宇宙作為現實世界的平行層，具有高度擬真的特點，在理想狀態下，雙方互動的效果，會無限接近真實世界。這意味著元宇宙會與現實社會長期保持高度同步和互通，現實社會中發生的事件，將同步於虛擬世界；虛擬世界中發生的事件，也能在現實世界得到回饋，兩個世界彼此影響，且這樣的生活方式不會「暫停」或「結束」，它將無限期地持續下去。

因此，我認為，元宇宙的本質是四大衍生：真實身分向數位身分的衍生、現實生活向數位生活的衍生、物理貨幣向數位貨幣的衍生、實體經濟向數位經濟的衍生。衍生的含義是因演變而發生，也就是超脫母體得到新物質。

也就是說，首先我們應該確認現實世界是元宇宙世界的母體，但是元宇宙「小孩」一旦「出生」，就脫離了母體而獨立存在。當然，不成熟的「小孩」脫離「母親」的照顧，可能會夭折，但是當它「長大成人」，比如已經滲透、改變了無數

人的生活方式,那麼它將擁有強大而獨立的生命,真正成為現實世界的平行層。以下,我將逐一闡述四大衍生的含義和演變過程,幫大家更立體地理解元宇宙。

1. 真實身分向數位身分的衍生

　　疫情之下,疫苗接種數位證明進入了人們的生活。不管是工作、辦事還是出行,「疫苗接種數位證明」都是必要的通行證。究其本源,疫苗接種數位證明其實是一種 eID(電子身分證),它不僅把健保卡材質的身分證明變成一枚手機終端的識別碼,同時將使用者的健康資訊附著其中,讓數據得以跨地域、跨層級、跨部門流動,成為一種具有普遍接受性的應用。

　　在元宇宙時代,我們的數位身分是虛擬世界裡唯一的「身分證明」,就如同疫情之下的疫苗接種數位證明一樣不可或缺,事實上,它只會更重要。因為,在任何一個團體組織裡,沒有身分就好像沒有與會的門票,這會讓人只能成為一個旁觀者或隱形人。想像一下,現實世界中,一個沒有身分證的人能夠購置房產、買賣股票、參加保險、在銀行開戶或表決投票嗎?當然不能,事實上,他甚至也很難找到一份正式的工作。元宇宙裡的虛擬身分也是一樣,差別僅在於它是

2 元宇宙誕生的底層邏輯

建立在區塊鏈之上，用區塊鏈技術保障其安全、唯一、不可竄改、可證實等必要特性，從而更能實現與現實身分的融合而已。

基於上述前提，一套高度可信的數位身分體系，就成了元宇宙持續發展的「地基」，急待我們找到一套有效且完整的解決方案。在目前的網路時代，一般用手機號碼和信箱來註冊和登入網站。根據規定，任何組織或個人，不得以虛假、冒用的身分證件辦理網站手續並使用行動電話。因此，手機號碼實名制成了驗證身分的重要方式。

但手機號碼並不是一個非常安全和唯一的數位身分證明。首先，手機號碼是可以自由買賣的，如果號碼的前主人已經註冊過社群媒體、信箱等網路平臺帳號，那我們可能就沒有辦法再用這個號碼辦理相關業務了。

其次，在通訊系統發展的早期，手機號碼並非全部都是實名制的，在這樣的情況下，如果發生了手機丟失、被盜、毀損等情況，有可能會被冒用。另外，手機號碼被不法分子利用駭客技術盜取、複製，之後用於冒名詐騙親友以及騙取網路貸款等情況也屢見不鮮。

最後，手機號碼驗證服務是一種高度依賴第三方，也就是通訊業者的服務，這是一種高度中心化的驗證方式，無異

於我們把自己的數位身分決定權交給了這些企業，且只能依靠它們才能證明「我是我」，這其實是一件讓人恐懼的事情。這也意味著，在這種中心化的身分驗證模式下，我們並不能真正擁有自己身分的所有權，我們既無法自證「我是誰」，也無法對身分進行控制和管理，這也是這種模式存在的最大問題。

除了手機號碼，信箱也是目前常用的網路身分確認工具。但是和手機號碼一樣，信箱也是一種中心化的身分驗證方式，只不過機構從通訊業者變成了信箱網站而已，且信箱被盜、個資洩漏的風險比手機號碼還要高。

因此，在元宇宙時代，我們迫切需要找到一個能讓我們真正掌握自己身分數據的去中心化身分驗證體系，因為，只有先解決「我是誰」的問題，才談得上「我能做什麼」這個問題。

關於數位身分的確認標準，我認為需要滿足以下兩個條件：

(1) 獨立的身分驗證體系

我們的數位身分應該由一個去中心化的獨立驗證體系來確認，並且完全由我們自己掌控。簡單來說，不需要依靠任何機構來為自己驗明正身，我們應該有一套確認權利的機

2 元宇宙誕生的底層邏輯

制,或一系列合理、公平的相互驗證方案,在我們提出驗證申請時,能夠快速回饋正確的答案。事實上,我們可以基於區塊鏈的安全性、唯一性、不可竄改性、可證實性、去中心化等特性,再加上非對稱加密、隱私計算等技術,獲得加密的、可控的、真正屬於自己的數位身分。

(2)「祕而不宣」的數據授權方式

因為身分具有「唯一且通用」的特性,一個確定的身分,就意味著個人數據、信用、資產等體系的全面打通,它們構成了我們在虛擬世界各種行為的權利及責任歸屬,要十分慎重。因此,為了更加保護隱私和防範風險,應該找到一種「祕而不宣」的數據授權方式,即:在我們使用身分驗證時,既可以讓對方獲得明確的答案,又不會讓具體資訊被不必要地洩漏。另外,如果一定要提供更多訊息,也應該遵循「最小且必要」原則,關於身分驗證授權的範圍和時間,也應該可以由我們自由選擇和隨時取消。

因此,我認為數位身分標準的設計目標,應該是將前述疫苗接種數位證明所運用的 eID 之類成熟的數位身分體系與區塊鏈技術相結合,開發出一套基於區塊鏈的數位身分系統。事實上,根據報導,早在 2018 年,微軟就宣布正致力於透過區塊鏈等分散技術建立數位身分。該技術是向所有人提

供一個數位「自有身分」，以私人和安全的方式儲存有關他們的所有資訊，並讓所有者完全控制他們數據的使用方式。

2021年4月，微軟發布 Azure AD 系統的預覽版，這是一項雲端的身分和訪問管理服務，確立了一些去中心化身分系統的標準。2021年10月，微軟宣布將開始邁向完整區塊鏈數位身分系統的下一階段，同時列出身分系統遵循的五項原則：安全、可靠、值得信賴；隱私保護和自主控制；包容性、公平性和易用性；可監督；對環境負責。

我相信大廠的加入，能加快技術的變革，讓元宇宙數據身分的落地指日可待。

2. 現實生活向數位生活的衍生

新冠肺炎疫情的爆發，讓人們對數位生活產生了不可逆轉的依賴：先是「零接觸」的需求引發醫療、辦公、教育等領域的數位化轉型，這些產業的轉型，又進一步改變了人們的認知和行為習慣，讓「線上生活」從「線下生活」的補充，一躍成為實際意義上的「現實生活」。

試想一下，當隔壁60歲的阿姨都已經對用網購買菜操作純熟，這就說明網際網路已經成為普羅大眾的生活方式，習

2 元宇宙誕生的底層邏輯

慣一旦養成，除非發生新的技術鉅變，否則很難逆轉。就像著名風險投資公司 Bond Capital 普通合夥人、被《巴倫週刊》（*Barron's*）稱為「網路女皇」的瑪麗·梅克（Mary Meeker）所說：「新冠肺炎疫情改變了我們的現代生活方式，但我們對這種變化的理解才剛剛開始。」

生活方式上，人們的日常生活主要分布於三個空間：居住空間、工作空間、休閒空間。元宇宙將從第二空間和第三空間入手，比如在遊戲、社交、零售、學習、辦公等方面，掀起人們生活方式的重大改變。另外，現實生活中的物理資訊回饋也將對虛擬引擎、數位孿生、雲端計算、通訊網路等新興基礎設施的建設提出需求，最終帶動元宇宙技術在醫療、公共服務、工業製造等實體領域的應用。

總之，元宇宙作為現實世界的虛擬平行層，必將深度改變人們現有的生活方式，引導人們從現實生活向數位生活進行不可逆的轉變。我們可以從短影音直播數據中看到，雲端逛街、雲端旅遊、雲端會議、線上教育等前所未有的模式正在不斷被創造，原有的生活、工作方式以及社會活動也正在加速向數位世界遷徙。

以前，逛街會受到時間、空間和成本的限制，但是現在，我們足不出戶就可以同時逛國內外各種著名的品牌商品。

過去因為地理限制和疫情導致的「社交距離」，限制了物理世界的交流，卻反而促進了虛擬世界的進化。現在，我們的社會、社交關係，正在以一種全新的、未知的方式開啟，這樣的改變會被沉澱下來，成為未來元宇宙世界生活的新常態。

3. 物理貨幣向數位貨幣的衍生

　　國際上，一些國家陸續針對數位貨幣表明態度：早在2013年，新加坡就將比特幣等同於商品處理，新加坡政府對金融科技的原則是：「不尋求零風險，不扼殺技術創新。」2017年，日本金融廳正式頒發11家數位貨幣經營機構的營運許可證，並建立了「數位貨幣交易商監管條例」。2020年，韓國金融服務委員會稱韓國國會通過了《特別金融法》，加密貨幣將獲得「合法身分」，加密貨幣交易所被定義為VASP（虛擬資產服務提供商）。

　　上述種種，可視為數位貨幣日漸走入發展正軌的訊號。毋庸置疑的是，元宇宙是數位經濟大行其道的時代，物理紙幣必然無法滿足其全部的需求，在這樣的大前提下，各國都必然需要一套全新的數位化金融體系，來迎接元宇宙數位經濟的爆發。其中，數位貨幣作為一種面向未來的貨幣形態，

必將成為未來數位經濟交易的基礎設施之一，充分發揮數位金融體系的奠基作用。

4. 實體經濟向數位經濟的衍生

在數位經濟的大環境下，數位資產也成為一種重要的資產形式。2021年3月11日，藝術家邁克·溫克爾曼（Michael Winkelmann，藝名Beeple）的一幅名為《每一天：前5,000天》（*Everydays: the First 5000 Days*）作品，在佳士得拍賣出6,935萬美元。與普通作品不同的是，這幅作品不是一幅物理存在的實物畫作，而是採用了NFT的電子拼貼畫。在此之前，恐怕沒人能夠想到一幅電子作品可以如此昂貴。

而這裡的NFT，全稱是Non-Fungible Token，中文含義是「非同質化代幣」。「非同質化」意味著每一個NFT都是獨一無二、不可分割的。

這是什麼意思呢？簡單來說，同質化就好像我們手上有一張100元，我們可以選擇將它換成兩個50元硬幣，或者十個10元硬幣，不管怎麼兌換，只要是央行發行的合法新臺幣，那它們都具有同樣的購買力，沒有任何差別。

而非同質化就好像我們買了一張飛機票，它的班機號

碼、目的地、起落時間、餐食服務等都是確定的，乘客、座位號碼也是專屬唯一的，如果這時別人拿另外一張飛機票和你交換，哪怕是同一趟班機的其他座位，你也不一定會同意，因為兩張票對應的權益（座位）並不相同。

所以，NFT就是這種基於區塊鏈背景下的非同質化數位資產，它為作品的版權問題提供了完美的解決思路。事實上，對創作者而言，保護作品的版權一向非常艱難，特別是在這個技術高度發達的網路時代，很多作品都能被輕而易舉地複製，這會大大打擊創作者的積極度，也會帶來很大的成本。而NFT就能夠解決這個問題：當作品被鑄成NFT上鏈之後，作品便被賦予一個無法竄改的獨特編碼，它就成了作品的「護身符」，保障作品的唯一性和真實性。從此以後，無論該作品以何種方式被複製和傳播，原作者永遠都能被驗明正身，始終擁有該作品的唯一所有權。

如前所述，在藝術設計和創作領域，NFT可以達成「智慧財產局」的作用，幫助每個作品進行「版權」登記。除此之外，NFT數位資產也能夠在多種場景得到應用：在遊戲領域，NFT可以用於道具、服裝或其他虛擬物品，比如2017年紅極一時的DApp加密貓（謎戀貓）遊戲，經過繁衍，這群風格各異的貓，目前已有接近200萬隻，市場成交約70萬隻，價

值超過 6 萬 ETH（以太幣）；在實物資產領域，也可以進行代幣化，比如後面章節將講到的「區塊鏈咖啡」就是一種應用例證。另外，像發票、訂單、保險、帳單等金融檔案，也可以轉變為 NFT 進行交易。

因為 NFT 具備天然的權利確認屬性且便於交易，預計會成為元宇宙世界裡的主流資產，未來的實物資產也會大範圍地向數位資產進行轉型，為數位經濟生態創造新的交易基礎。

總而言之，隨著 5G、大數據、雲端計算、區塊鏈等資訊及通訊技術的發展，各行各業越來越展現出數位化、智慧化的特徵，透過強化數位技術與實體經濟各環節的融合、滲透，可以實現成本降低和效率提升，且數據本身就可能成為新的生產要素，甚至直接以數據的形式存在或參與交易，可以進一步擴大實體經濟服務內容的廣度和深度。關於實體企業如何向數位化方向更新，我們將在後面的章節裡詳細講述。

先行者如何創造元宇宙

2021年3月,一家名為Roblox的遊戲和社群媒體公司在美國紐約證券交易所上市,上市首日收盤上漲54%,相比其半年前的一次融資,公司的估值成長了7倍,直接超過400億美元,這已經相當於全球第二大遊戲公司任天堂市值的60%。為什麼這家名不見經傳的公司可以出道即巔峰,受到資本市場如此追捧呢?這是因為,如果電影《一級玩家》中的「綠洲」是虛擬世界中最接近元宇宙的場景,那麼,在現實生活中最接近元宇宙的場景,就是其同名遊戲平臺Roblox。

Roblox是一個沙盒類遊戲,它由沙盤遊戲演變而來,是一種沒有主線劇情的遊戲形式,一般來說,沙盒類遊戲的玩家會以生存為第一目標,以探索和建設為第二目標,以改變世界、達成成就為終極目標。在具體操作上,沙盒類遊戲一般包含一個或多個地圖場景,玩家可以自由選擇地圖,從而根據場景進行角色扮演、動作、射擊、駕駛等行為。同時,玩家還可以使用遊戲中提供的物料,製作自己喜歡的作品,

2 元宇宙誕生的底層邏輯

「鼓勵創作」也是沙盒類遊戲的核心特色之一（如圖 2-1 所示）。

圖 2-1：Roblox 遊戲介面
數據來源：光大證券研究所〈元宇宙行業深度報告〉

也正因為如此，Roblox 有著其他遊戲不具備的獨特之處：它雖然有數百萬種遊戲可供玩家探索、聊天和互動，但它卻不直接從事製作遊戲的業務，而是退居幕後，只為玩家提供工具和平臺來讓他們製作自己的作品。也就是說，在 Roblox 的眼中，玩家並不只是玩家，更是一群有著非凡創造力的遊戲開發者，他們可以自由發揮想像和創意，使用遊戲提供的各種物料製成作品，如果這些作品被其他玩家購買或消費，這些開發者就能收取虛擬貨幣「Robux」，且這些「Robux」還能兌換成現實生活中的真實貨幣——美元。

這就好像如果我們在 Roblox 裡製作了一個虛擬的麵包，再把它以 100 個「Robux」的價格賣出去，之後，我們可以選擇將收到的 100 個「Robux」兌換成 1 美元，然後用它在現實生活中買一個真實的麵包。同理，我們也可以使用現實生活中的貨幣購買「Robux」，價格是 1 美元可以購買 100 個「Robux」。

在 Roblox 中，開發者獲取「Robux」有四種機制：

（1）付費遊戲；

（2）免費遊戲；

（3）開發者之間的內容和工具銷售；

（4）透過阿凡達市場向其他玩家銷售商品。

具體來說，Roblox 會將付費遊戲收入的 70% 返還給開發者，這項政策直接造就了許多善於洞悉玩家喜好的開發者成為百萬富翁。亞歷克斯從 9 歲時就開始在 Roblox 上創作遊戲，到 17 歲時，他製作的一款名為《越獄》的遊戲爆紅，總計被使用者使用 40 億次。21 歲時，亞歷克斯靠著販售遊戲裡的皮膚和道具，一年就能「躺賺」超過百萬美元，成為少年百萬富翁。而對於免費遊戲，Roblox 也會根據玩家的遊戲時長進行一定的分潤。

事實證明，Roblox 的開發者（玩家）們真的很擅長製作吸引其他玩家的遊戲。有數據顯示，在全球範圍內，Roblox

2 元宇宙誕生的底層邏輯

每月有超過 7,000 萬獨立訪問者，有超過 1 億活躍使用者在 Roblox 上花費超過 10 億個小時。根據 Comscore 公司的數據，6～12 歲的孩子在 Roblox 上花費的時間，僅次於 Google 網站，其受歡迎程度排名第二。Roblox 的聯合創辦人兼執行長大衛・巴斯祖基曾表示：「Roblox 上的許多開發人員都是在這個平臺上長大的，且他們之中的許多人現在開始在平臺上謀生……我們是工具製造商，我們的開發人員是真正的創意天才（如圖 2-2 所示）。」

圖 2-2：Roblox 開發介面
數據來源：光大證券研究所〈元宇宙行業深度報告〉

為了讓大家更容易理解 Roblox，他曾經分享過一個例子：

有一群玩家每天上線兩個小時,在一家披薩店裡吃假披薩,現實生活中的人,永遠無法明白這是怎麼回事,但是披薩店的幾十萬使用者中的每個人都知道這是怎麼回事。也就是說,在 Roblox 裡,無數的玩家在這裡模擬真實的生活,當他們創造出的虛擬人的身分、行為、思想、情感、資源得到了其他虛擬人的廣泛認可,那麼這個虛擬人就不再只是一個簡單的畫素了,而是擁有真實的價值,甚至是真實的「生命」。

而這也是 Roblox 創辦人所強調的元宇宙概念,它早已超越遊戲的範疇,變成一種真實的生活方式,而這才是未來真正的競爭賽道 —— 各大元宇宙大廠需要競爭的絕對不是單一的遊戲開發能力,甚至也不全是各種硬體、技術,而是看誰能夠真正改變和保持玩家們的生活方式,為他們在元宇宙裡真正安一個「家」。

這個理念也與《遊戲改變世界,讓現實更美好!》(*Reality is Broken*:*Why Games Make Us Better and How They Can Change the World*)一書中的洞察異曲同工:遊戲以現實世界做不到的方式教育我們、鼓勵我們、打動我們,以現實世界實現不了的方式,把我們連結在一起。而那些懂得如何製造遊戲的人,有必要開始關注新的任務了 —— 為盡量多的人創

2 元宇宙誕生的底層邏輯

造更美好的現實生活。

事實上，Roblox 也早已從單純的「開放性遊戲體驗平臺」變成了能夠讓玩家重新認識世界、學習知識的工具。讓更多孩子能從小開始學怎麼程式設計，更能適應新的時代，而這正是一個健康的元宇宙世界所應該具備的正向教育意義。

在 Roblox 的招股說明書中，我們能看到 Roblox 總結的元宇宙八大特徵，分別是：身分、朋友、身臨其境、任何地方、便捷、內容多樣、經濟系統和安全（如表 2-1 所示）。

身分	所有使用者都以虛擬數位化身的形式存在，使用者可以用任何形象來展現自己，使用者的數位化身可以在不同作品之間通用。
朋友	使用者可以透過 Roblox 與朋友互動，包括現實世界中的朋友與在 Roblox 上結識的朋友。
身臨其境	Roblox 上的作品有 3D 沉浸式的體驗，隨著 Roblox 平臺不斷更新，這些作品將變得越來越有吸引力，並且與現實世界難以區分。
任何地方	Roblox 上的使用者、開發者和創作者遍布世界各地，Roblox 客戶端可在 iOS、Android、PC、Mac 和 Xbox 多平臺執行，並支援使用 Oculus Rift、HTC Vive 和 Valve Index 頭戴式顯示器在 PC 上進行 VR 體驗。

便捷	在 Roblox 上可以迅速、便捷地註冊帳號,使用者可以免費享受平臺上的作品,且使用者自己或朋友可以一起在不同作品之間快速穿梭。開發人員也可以輕鬆地建構作品,然後將作品釋出到 Roblox Cloud,以便所有平臺上的 Roblox 客戶端上的使用者都可以訪問。
內容多樣	Roblox 是由開發者和創作者建構的龐大且不斷擴展的世界。截至 2020 年 12 月 31 日,Roblox 上有超過 2,000 萬種作品,僅在 2020 年就有超過 1,300 萬種作品被使用者探索和體驗。除此之外,Roblox 還有數百萬個創作者建構的虛擬物品,它們可以用來個性化裝扮使用者的數位化身。
經濟系統	Roblox 擁有一個充滿活力的經濟系統,它建立在 Robux 虛擬貨幣的基礎之上。購買 Robux 的使用者,可以將貨幣用於作品和個性化裝扮他們的數位化身。開發者和創作者透過建構引人入勝的作品和使用者想要購買的專案來賺取 Robux。開發人員和創作者能夠將 Robux 兌換成現實世界的貨幣。
安全	為了促進文明和確保使用者安全,Roblox 平臺整合了多個系統,這些系統旨在執行現實世界的法律,並嚴格遵守監管要求。

表 2-1:元宇宙的八大特徵

2 元宇宙誕生的底層邏輯

　　在這個問題上，Roblox 無疑走在世界前列，它打造了一個連結全世界遊戲開發者的生態系統，透過數百萬個沉浸式 3D 體驗的多人遊戲生態，為大家提供一個社交、創造、展示、生活的空間，並且已經獲得相當程度的使用者黏度（Customer Stickiness）。截至 2020 年 9 月，Roblox 一共擁有了來自全球 170 多個國家、超過 700 萬位活躍的遊戲開發者，他們使用 Roblox 的直覺式平面設計工具 Roblox 工作臺（Roblox Studio）來建立遊戲，凡是你能想到的任何體驗，都可以透過 Roblox 平臺去建立。

　　在這個空間裡，玩家有虛擬的身分，可以社交、認識新的朋友，有身臨其境的沉浸感，能夠在全球範圍內不受限地參與遊戲。遊戲體驗便捷智慧，能夠最大限度地支援和鼓勵開發者創作豐富多樣的內容。不僅如此，Roblox 還有以「Robux」為代表的打通「線上（代幣）＋線下（真實貨幣）」的獨立經濟系統，遊戲生態整體安全且符合相關監管規定，完美匹配 Roblox 所認為的元宇宙八大特徵。

　　總而言之，Roblox 作為元宇宙領域當之無愧的先行者，已經做出明確的示範，我們期待有更多企業加入共創元宇宙的行列，帶來更多精彩的可能性。正如 facebook 創辦人兼執行長祖克柏在〈創辦人的信〉中所說：「元宇宙不會僅由一家

公司創造,它將由創作者和開發者共同建構。現在是時候把我們所學的一切都帶走,來建構新篇章了。如果這是你想看到的未來,我希望你能加入我們,未來將超乎想像。」

2 元宇宙誕生的底層邏輯

3
「元宇宙」應用說明書

遊戲產業：玩出來的平行新世界

自人類誕生以來，遊戲就開始出現並一直伴隨人類歷史的發展。世界上已知最古老的棋盤遊戲——塞尼特（Senet、Senat）可追溯到西元前 3100 年。甚至在傳統意義上的遊戲出現以前，人類就具有「玩」的天性與本能，比如互相追趕、打鬧等。在遠古時代，「玩」不僅是娛樂方式，也是生存本能的訓練方式。

在《辭海》中，遊戲被定義為：以直接獲得快感為主要目的，且必須有主體參與互動的活動。它說明了遊戲應該具備兩個基本特性：

（1）以直接獲得快感為主要目的；

（2）主體參與互動。

因此，我們可以把遊戲簡單理解為：一種以自願和自由為前提、以獲得快樂和自足為目的，且具有一定規則的行為活動。

到了網際網路時代，遊戲的本質未曾改變，但出現了

多樣的呈現方式。1997年面世的《網路創世紀》(*Ultima Online*)是世界上最早的網路遊戲,這是一款由Origin公司研發的大型多人線上角色扮演遊戲,也是一個集娛樂與社交於一體的綜合遊戲平臺,至今仍在營運。在遊戲裡,世界各地的玩家可以自由選擇自己的職業和技能,還可以組成各式各樣的社會組織和玩家公會。這款遊戲奠定了網路遊戲的雛形,它的影響相當廣泛,也是現今大多數網路遊戲設計者的創意啟蒙來源,甚至據稱有超過5,000名玩家因為此遊戲結緣進而成為夫妻。

隨著資訊技術的發展,越來越多遊戲形式開始出現。2020年,一款被稱為「區塊鏈版寶可夢」的遊戲——「Axie Infinity」進入了大家的視野。這款遊戲由越南遊戲公司Sky Mavis研發,因為其玩法豐富,還有一定的「套利」空間,在越南、菲律賓等地上線以來,就吸引了大量玩家。新冠肺炎疫情在東南亞肆虐期間,這款遊戲的玩家不減反增,許多玩家將「打遊戲賺錢」視為家庭的主要生活來源,還獲得了比原本外出工作更高的收入。

在遊戲規則上,「Axie Infinity」與傳統網路遊戲相比,有三大不同:

1. 產品形態不同

　　「Axie Infinity」基於以太坊（Ethereum）區塊鏈設計，遊戲內的角色 Axie、土地等資產均為 NFT，這是一種在區塊鏈上公開可視且具有唯一性的數位資產，可以用虛擬貨幣進行交易。也就是說，在「Axie Infinity」裡，儘管遊戲道具只是虛擬的數據，但仍會被視為有價值、可交易、可確認的資產，權利被確認到玩家手中，它們可以像真實的商品一樣被估價和交易。事實上，雖然道具是虛擬的，但玩家為了獲得道具，必然投入一定的勞動或金錢，再加上這些道具也都有明確的市場價值，所以被視為資產也合情合理。當然，對一項資產而言，「產權」確定並不代表價值確定，且不同國家和平臺對虛擬資產的規定和認知也不盡相同，所以需要視具體情況具體分析。關於這個問題，我們還會在後面的內容裡詳細講到。

2. 商業模式不同

　　「Axie Infinity」構建了一套相對完備的封閉、完整的循環經濟系統：

(1) 玩家層面

玩家可以透過購買遊戲內虛擬貨幣 AXS 及 SLP 進行對 Axie 的購買、培養、繁殖和戰鬥,並透過販售 Axie 及兌換遊戲內虛擬貨幣的方式進行獲利。對於無法支付 Axie 初始費用的新玩家,遊戲公會 YGG 還能提供 Axie「租借」服務,把自己多餘的 Axie 出借給新玩家,讓新玩家去打遊戲賺錢,在他們賺到錢之後,再歸還租借的成本。當然,YGG 並非慈善組織,這樣操作也會收取額外的費用。

(2) 公司層面

在玩家透過市場進行 Axie 的交易、培養時,公司會額外抽取 5% 以下的手續費作為收入。

3. 規則透明度不同

在傳統的網路遊戲裡,遊戲公司對遊戲的規則和道具的發放擁有絕對的控制權,事實上,傳統遊戲公司常常以系統更新的名義修改遊戲規則,甚至修改玩家已經擁有的道具。在這樣的情況下,玩家實際上擁有的只是遊戲資產的使用權,而非所有權。

而「Axie Infinity」則不同,它是一款基於區塊鏈技術開

發的遊戲，玩家的遊戲資產可以被清楚、確定地記錄在區塊鏈上，玩家擁有真正的遊戲資產所有權。且遊戲道具的總量和分配規則也非常透明，比如：代幣 AXS 和 SLP 是繁殖 Axie 的核心要素，AXS 只能透過排名獎勵獲得，SLP 透過每日任務和競技玩法獲得，每天能夠獲得的數量有上限。每個 Axie 最多可以繁殖 7 次，兄弟姐妹以及父母不能繁殖，父母的基因決定後代的特徵，遺傳機率可以在平臺上計算，繁殖費用為 1AXS 和一些 SLP，每次繁殖消耗的 SLP 數量會比上一次更多。

除此之外，Axie 都住在盧納西亞，該土地分為 90,601 個代幣化地塊。地塊持有者可以獲得幾種獎勵：持有者可以在自己的土地上找到 AXS 代幣或其他資源，這些資源可用於更新地塊或 Axie 的等級。土地地塊也是一種 NFT，玩家可以將其出售。

總而言之，因為「Axie Infinity」遊戲實現了道具通證化，並將道具真正的確認權移到玩家手中，玩家可以透過區塊鏈系統實時查詢代幣的發行和分配，這大大提高了道具的流動性，將交易成本和信任成本也降到最低，因此形成了真正的數位資產。

不過，我們在前面說過，「產權」確定並不代表價值確

定。NFT資產被確認，只能說明玩家在遊戲裡面的虛擬資產是可以得到保證的，但這並不能規避遊戲公司因為經營不善而停止服務，或遊戲因為失去熱度導致沒有玩家的風險。

當然，這時可能有人會說：「哪怕遊戲停止服務，但是我的NFT資產還是存在的，這有什麼關係呢？」但是，仔細想一想就會發現這個邏輯說不通。當一款遊戲已經失去熱度，甚至停止服務的時候，你擁有的遊戲道具的NFT程式碼雖然被記錄在區塊鏈上，但它的商業價值已經喪失了。如果遊戲「後繼無人」，它是無法被公允估價或被轉讓出去的。也就是說，假設你曾經花1,000美元買了一款NFT道具，當它喪失流通性的時候，你的1,000美元永遠就只會是帳目上的一個數字，而沒有任何意義。

事實上，「Axie Infinity」是一款典型的P2E（Play-to-Earn，簡稱「邊玩邊賺」）遊戲，具有強烈的金融屬性，它的成長模式取決於是否有源源不斷的新玩家。也就是說，新玩家市場的大小直接決定這種模式的成長瓶頸。所以，一旦這類遊戲因為疫情緩和、就業率提高、監管趨嚴等原因，無法讓新玩家持續保持高成長，遊戲內NFT道具資產的後續價值如何，就有待考量了。

另外，關於遊戲道具的所有權問題，不同國家和遊戲平

臺也有不同的看法。事實上，遊戲作為一種超級數位場景，很可能會成為實現元宇宙的最早期形態，甚至可能創造出「殺手級」的應用場景。它的發展邏輯在於，遊戲因為其天然的參與特性，會吸引大量玩家進入嘗試，在具備基礎的使用者數量、遊戲市場初步成立之後，再倒推發展遊戲背後的技術支援和法律規範。相應地，隨著問題的不斷優化、改善，玩家可以在享受更高品質遊戲體驗的同時，獲得相匹配的金錢收益，從而快速擴大玩家數量，豐富元宇宙生態，進而進一步推動元宇宙的技術創新，從而進入互為因果、疊加向上的正循環。

目前已經有企業做出進一步的探索和思考，提出「元遊戲（Metagaming）」的新概念，我們可以把它理解為一種新型的網路遊戲執行的技術解決方案。

具體來說，元遊戲將遊戲的執行與畫面渲染等對硬體算力要求較高的部分，從玩家端轉移至雲端伺服器，使用者端只保留操作訊號輸入和畫面解碼顯示，目的是為了降低玩家的硬體投入成本，用頻寬換算力，從而盡可能提高潛在玩家的轉化率。不僅如此，雲端遊戲還具有可擴展的特性，這和元宇宙「無極限」的概念比較接近，「雲端＋擴展性」也可以讓元遊戲變得無極限，在規模上逐漸接近元宇宙，從而可以為玩家提供更豐富的玩法和更卓越的體驗感。而體驗感是遊

戲的命脈,是吸引玩家參與的前提。

某網路公司副總裁表示:「雲端遊戲成功的前提是遊戲體驗,讓遊戲良好執行,同時讓玩家感到方便。雲端遊戲令人興奮,遊戲正變得更加跨平臺,你可以在手機、PC 或雲端上玩遊戲、享受內容。雲端遊戲讓硬體裝置隱形了,玩家會更加關注遊戲本身。」(如圖 3-1、3-2 所示)。

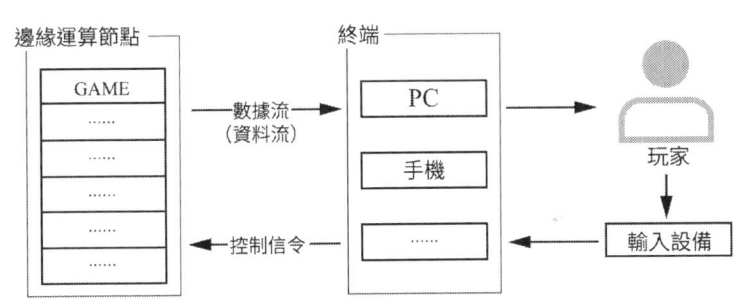

圖 3-1:雲端遊戲原理概述圖
數據來源:騰訊雲端社群

圖 3-2:雲端遊戲平臺實機畫面
數據來源:騰訊即玩,光大證券研究所

3 「元宇宙」應用說明書

　　總而言之，我們對元宇宙遊戲生態的探索才剛剛開始。可以預見的是，在元宇宙的世界裡，遊戲體驗感的重要性毋庸置疑，但關於虛擬財產的權利確認和保護更是重中之重。可以說，只有當玩家能夠真正將擁有的數據權利（比如遊戲道具、代幣、NFT 藝術作品等）確認為自己的資產，元宇宙生態才會有健康、持續發展的可能性。

金融支付：被重塑的數位金融時代

在前面的內容裡，我們說到元宇宙的誕生來自於工業文明的迭代、數位技術的興起、數位經濟的進化，還有人類不斷突破邊界、探索未知、創造虛擬的底層衝動。那麼，元宇宙及相關技術有沒有可能直接啟動實體經濟，透過對產業端的改變，直接優化我們的生活呢？答案是肯定的。

事實上，元宇宙的核心資產 ── 數位資產，已經與實物資產在實體產業鏈中得到了一定程度的融合，元宇宙的底層技術之一 ── 區塊鏈，也已經透過「實物上鏈」的方式，被運用到供應鏈金融等領域，幫助更多企業提升融資效率和效果。

2021 年 5 月，某酒業集團由於新冠肺炎疫情導致庫存大量積壓，經銷商無法及時支付貨款，公司擴大產銷計畫受阻，董事長表示陷入了困境：「公司年產能達萬噸，酒基近 2,000 噸，但負債率有點高，急需融資，卻又提供不了符合要求的可抵押物。」

在得知該公司的困境後,金融研究所相關專家協調指導銀行、區塊鏈公司、酒業集團三方進行合作,提出了「酒基＋存貨＋供應鏈＋區塊鏈」的融資方案,即:酒業集團利用酒基登記質押,區塊鏈公司將酒基以「區塊鏈」進行動態追蹤,銀行向酒業集團下游經銷商發放信用貸款,一下子解決了經銷商的資金問題。

這種創新的貸款方式,就是利用供應鏈中核心企業庫存白酒可流通、可保值的特性,將區塊鏈技術附加於商品上,對白酒進行實時動態追蹤,實現了信貸資產全程可控、存貨動態實時追溯、交易環節資訊完整真實,形成了「供應鏈＋區塊鏈」、「線上化＋數位化」的融資模式。

這是一個使用區塊鏈技術啟動實體經濟的典型案例。在傳統的融資模式中,中小型企業融資困難的核心原因,主要是中小型企業的經營和財務資訊不完備、不透明,訂單、物流、倉儲、交割等經營環節的數據也難以追蹤和控制,再加上中小型企業往往無法提供足額且被銀行認可的抵押物。以上種種原因,都會讓資金端(銀行等)認為融資風險很高,讓中小型企業融資變成大問題。

而區塊鏈的出現可以在相當程度上解決「信任」的問題,即:企業可以透過鏈上資產通證化結算體系,將各類存貨資

訊上鏈，生成內部鏈上對應通證，實現便捷化的資產估值、質押、流轉和結算，同時將鏈上資產核心資訊定期與當地銀行進行同步。

具體來說，一個理想的供應鏈金融區塊鏈平臺，可以覆蓋從製造、倉儲、物流、經銷商到消費者的供應鏈的全部關鍵流程，供應鏈中各方將可驗產品資訊存證至平臺。以酒業集團為例，製酒廠可以上傳產量、品類等製酒資訊；倉儲廠可以上傳儲存產品總量與情況；分銷商可以上傳訂單與銷售情況等，且所有資訊實時更新。這樣的平臺即可實現供應鏈各方資訊的實時互通，不再需要點對點查驗，大大提升生產效率，再加上區塊鏈技術不可竄改、可追溯的特點，也能夠保證所有鏈上資訊安全、可靠，非常便於資金方與監管部門進行稽核。

所以，我們可以合理地預估，基於資產上鏈而展開的數位資產與實物資產的融合，將成為未來元宇宙時代主流的融資模式，可以大大幫助實體經濟的發展。對於這個方向，可以從兩方面開展工作：一方面是充分發揮好金融科技的作用，推動建立健全數據資訊共享機制，支持銀行發展金融科技，推動加快以財務指標為核心的徵信評價轉向以大數據分析為核心的綜合性信用評價，透過差異化的服務，使更多中小型

企業獲得銀行信貸支援；另外一個方面，發揮好工業網際網路作用，我們將提升對產業鏈、供應鏈各環節、各節點數據的採集能力，支援金融機構圍繞訂單、物流、倉儲等環節，為企業提供供應鏈金融，加強對產業鏈上下游中小型企業的支援。」

在理論上，除了實物資產之外，公司的股權、私募基金、黃金、債權等金融資產，都可以用證券型通證的方式來發行並同步上鏈，這樣可以大大降低發行的成本，同時提高資產的流動性。那麼，什麼是證券型通證呢？證券型通證是指 Security Token Offer（簡稱 STO），即證券型通證發行，其目標是在合法、合規的監管框架下，進行具有傳統證券性質的通證發行，也被稱為證券化代幣。

那麼，什麼樣的證券才是 STO 呢？這就要從著名的「豪威測試（Howey Test）」說起。

豪威測試是美國最高法院在 1946 年的一個判決中使用的一種判斷特定交易是否構成證券發行的標準，對區塊鏈專案，它主要從資本投入、共同事業、預期利潤和委託經營四個方面來對一個區塊鏈專案進行評分，得分越高，說明該專案發行的加密貨幣性質越接近證券。而一旦被認定是證券，就意味著該代幣需要接受與證券一樣的嚴格監管，不僅發行

門檻更高,違規者還會面臨嚴重的法律風險。

為什麼這個測試的名字叫「豪威測試」呢?1940年代,美國佛羅里達州有一個果園的主人叫豪威,當時他想出了一個非常棒的主意:把果園的產權分割,按面積出售,每個買家都能得到一小塊土地。在買下了土地後,買家既可以選擇自己種果樹,也可以選擇把這塊地回租給豪威,由他來負責種果樹和販賣果子,最後雙方按照買家土地的面積所占的比例進行分紅,類似「售後回租 + 委託經營」的商業模式。

因為這樣的模式在當時非常新穎,很快吸引大量買家來購買土地,這些買家在購買之後並沒有自己種植,而都選擇回租給豪威,他們拿著一份買賣合約、一份帶分紅條款的租賃合約,就可以「躺著」收錢了。

這件事情很快被美國證券交易委員會知道了,證券交易委員會的專家在了解情況之後,認為豪威的業務已經不是單純的賣地行為,更像是一種證券投資,應該受到證券交易委員會的監管,否則一切合約在法律上當屬無效。

豪威一聽非常傻眼,當然不樂意,於是雙方一直告到美國最高法院。1946年,最高法院專門設計了四項標準,用來判斷一種金融工具是否為證券,它們分別是:(1)是否有資本投入?(2)是否投資於一個共同事業?(3)是否期待獲取

利潤？（4）是否不參與經營，僅僅憑藉發起人或第三方的努力而獲利？

結果，「豪威案」符合前面全部的標準：（1）買家出資買地符合資本投入的條件；（2）豪威匯總了大家的資金，經營果園並分紅，屬經營共同事業的範疇；（3）買家買地回租並且委託經營，約定按照買地面積分紅，目的是為了獲得果園的經營利潤，屬於期待獲利的情況；（4）買家不參與種樹，僅僅依靠豪威的努力獲得收益，屬於不參與經營，依靠發起人獲利。

總之，豪威的合約被最高法院定義為證券，需要按照證券法的要求盡職調查、發行、披露、註冊等。豪威的果園事業當然無法滿足這麼高的條件，所以，他與買家簽訂的一系列合約，均被判為無效。這個案子曾經在美國歷史上產生很大的影響，其中判斷金融工具是否為證券的四項標準，也被沿用至今，它的名字就叫做「豪威測試」。

要注意的是，因為各國的市場環境和法律、法規都有很大的不同，目前，證券型通證僅在美國、新加坡、馬來西亞、英國等地發表了相關法案。在其他地區，證券型通證目前還處於探索的早期階段，未來還有很長的一段路要走，可以繼續關注，同時保持理性的態度。

除了供應鏈金融和 STO 之外,作為金融橋梁的支付,在元宇宙中又扮演何種角色呢?我們先來看一看什麼是支付。

美國風險投資家、元宇宙資深研究專家馬修‧伯爾在其《馬修‧伯爾的元宇宙》中,將支付定義為對數位支付流程、平臺和操作的支援,其中包括法定貨幣與數位貨幣的兌換、數位貨幣之間的兌換,以及其他區塊鏈技術的支援。簡單來說,元宇宙裡的支付包含法定貨幣與數位貨幣兩種。當然,基於不同國家對數位貨幣有不同的監管政策,我們認為元宇宙中仍然會不同程度地存在中心化貨幣(法定貨幣)與去中心化貨幣(數位貨幣)之間的矛盾。

我們從最基礎的支付邏輯來理解,支付環節應該包括三個確認:確認付款碼;確認交易對象;確認交易訊息。

1. 確認付款碼

在現實世界中,支付對人的辨識以金融卡、手機為媒介,辨識的方式包括密碼、指紋、人臉辨識等,這都需要支付對象提前在交易平臺上存放有效的支付標誌,比如提前設定密碼、記錄臉部特徵資訊和輸入指紋等。而元宇宙因為是虛擬的數位世界,裡面的支付標誌必然有所不同,我們可以

考慮在 VR 眼鏡中植入 SE 安全晶片或利用 NFT 技術來實現「一人一碼」的支付需求。

2. 確認交易對象

元宇宙中的全部商品和服務都只是一串「0-1」程式碼，可以隨時被所有權人複製、刪除、變更、交換，在一些競技遊戲中，也可能根據遊戲規則產生道具資產的永久性毀損。因此，我們也需要藉助區塊鏈和 NFT 等技術，對交易對象進行鎖定和確認。

3. 確認交易訊息

電子商務能夠蓬勃發展，得益於第三方支付公司承擔了資金託管的責任，讓買賣雙方能夠對交易內容足夠放心。在元宇宙的世界裡，區塊鏈的共識機制（consensus）也許可以扮演類似的角色。

2019 年 6 月，facebook 推出了虛擬加密貨幣 Libra，錨定了多國貨幣，組成「一籃子貨幣」，不追求對美元匯率穩定，只追求實際購買力相對穩定，也被稱為「無國界貨幣」。但是，因為受到部分國家抵制，最終在 2020 年，Libra 更名

為 Diem，並轉為瞄準美元單一貨幣。此外，facebook 也積極推進數位貨幣錢包專案，其 Novi 也啟動小規模試點。之後，facebook 更名為 Meta，可見其之前布局的加密貨幣專案，目的是為了掌控支付管道，為未來的元宇宙策略打好基礎。

未來，金融機構探索如何在元宇宙中尋找場景、提供服務，會成為一個熱門話題。前面的內容只是我們對元宇宙金融支付體系的遐想，事實上，未來元宇宙中的支付可能會更加複雜。比如，既然元宇宙是一個覆蓋全人類的虛擬世界平行層，那麼一定會涉及跨境交易的問題，在不同幣種之間的清算和匯兌中，如何保證跨境匯兌支付的效率和安全性？

此外，元宇宙中還必然存在法定貨幣與數位貨幣之間的矛盾問題。比如，遊戲中的虛擬貨幣如何兌換成法定貨幣？虛擬貨幣的價格應該如何確定？假如虛擬貨幣的規模夠大，持有的玩家夠多，國際流通性夠強，是否會影響、衝擊，甚至威脅到法定貨幣的地位？我們應該如何看待虛擬貨幣的身分和地位，以及如何應對潛在的金融風險？

上面種種問題僅為冰山一角，目的是拋磚引玉，喚起大家理性的思考。總而言之，如果發展到了一個能用「宇宙幣」買菜和加油的時代，這對現實世界的金融體系而言，一定是既有助益也有挑戰的。事實上，在目前部分 P2E 的遊戲中，

金融風險已經初露端倪。

前面介紹過的「Axie Infinity」就是一款典型的 P2E 遊戲，甚至說，它背後的商業邏輯更像是一場金融遊戲。為什麼這樣說？我們先回到 P2E 遊戲的定義來看一看。

什麼是 P2E 呢？它是「Play-to-Earn」的縮寫，中文就是「邊玩邊賺」。這種遊戲的設計目的就是讓玩家用遊戲時長來換錢。所以，這類遊戲的背後都會搭配一套精心設計的 P2E 金融系統。除此之外，遊戲公會 YGG 的存在也被外界認為是「Axie Infinity」能夠爆紅的核心原因。

什麼是 YGG 呢？我們可以把它簡單理解為遊戲裡的一個去中心化的自治組織。但是在 P2E 遊戲中，YGG 衍生出了一個非常特殊的功能，就是「獎學金」制度，不過，這個「獎學金」可不是獎勵給優秀的遊戲玩家，而是以收「利息」的形式「借」給沒錢參與遊戲的新玩家。

那麼，為什麼會有玩家「借」錢玩遊戲呢？這其實是因為 P2E 遊戲與其他免費的 F2P（Free-to-Pay，即免費玩）遊戲不同，在初次參與 P2E 遊戲的時候，新玩家需支付較高的門檻費。以「Axie Infinity」為例，新玩家入局首先需要購買三隻 Axie，而三隻 Axie 的市場價格約 1,000 美元，這可是一筆不小的費用。如果新玩家無法拿出這筆錢，就等於失去了在遊

戲中賺錢的機會。

那麼，大家為什麼一定要玩「Axie Infinity」這款遊戲呢？這是因為，自 2020 年新冠肺炎疫情出現以來，東南亞大部分國家的實體經濟已經被拖垮，菲律賓的失業率一度高達 40％，但人們透過玩「Axie Infinity」，可以賺得比之前外出工作還要多，於是「Axie Infinity」吸引了大量的玩家。對他們而言，這不僅僅是一款遊戲，更是一個養家活口的賺錢工具。所以，他們無論如何也要湊到這 1,000 美元的門檻費。

這個時候，YGG 發現了這個機會，於是設計出一種合作模式：YGG 的老玩家把自己多餘的 Axie 出借給新玩家，讓新玩家可以打遊戲賺錢，在他們賺到錢之後，再歸還租借的成本。玩家在遊戲裡賺的 10％，需要交付給 YGG，另外 20％要交付給當初帶他們進入遊戲的社群經理，玩家自己則只能留下 70％。

打個不恰當的比方，在這個模式裡，YGG 就像是一個提供生產數據的「農場主人」，玩家就好像是農場裡的「勞工」，社群經理就好像是為「勞工」提供培訓和輔導的「工頭」。這三個角色裡，除了「勞工」要一直工作（打遊戲賺錢）之外，「農場主人」和「工頭」都是坐等收錢的角色。

換一種說法，這個模式也可以被簡單理解為：YGG 匯集

了大家的資源，同時向有需求的人發放「貸款」，然後再收取「利息」。大家有沒有覺得這個模式似曾相識呢？它是不是很像我們現實生活中的銀行呢？只不過，銀行持有高門檻的金融牌照，接受著有權機關的嚴格監管，發放著法定的貨幣，且收取著合理的利息。而「Axie Infinity」這樣的 P2E 遊戲，就是披著遊戲外衣的金融服務商，企圖在監管的灰色地帶，探索出一些「靈活」的利潤空間。

事實上，2021 年 8 月 31 日，菲律賓央行已經把「Axie Infinity」歸類為支付系統營運商，這就意味著 P2E 遊戲的外衣被正式脫下，露出了金融的本質。

可以想到，在元宇宙的時代，類似「Axie Infinity」的 P2E 遊戲高機率會成為主流。身為一個理性的「元宇宙人」，我們應該充分理解金融的本質和風險，一邊擁抱變化，一邊謹慎行動，在元宇宙裡找到適合自己的位置和「玩法」。

智慧汽車：
讓「自動＋智慧」駕駛觸手可及

不管你承不承認,「自動＋智慧」駕駛的時代已經悄悄來臨了。

一直以來,人類都沒有停止對自動駕駛的探索。根據《科學人》(*Scientific American*)雜誌的紀錄,早在 1912 年,美國無線電控制裝置專家小約翰·哈蒙德和班傑明·米斯納利用一個電子電路和一對光感性硒光電管設計了一款簡單的自動引導小車,取名為「戰爭狗」。它的設計非常簡單、甚至粗糙:利用左右光感電管感知環境的光線強弱,電子電路構成的底層操作控制系統根據發光強度訊號控制小車的轉向,如果兩側感光強度不同,小車向強光一側轉向;如果兩側感光均衡,則小車保持直行。

「戰爭狗」的設計為後續的無人駕駛提供了思路。現代車輛的巡航定速系統也採用相似的邏輯:由系統對車速進行感光,在車速較低時,自動注入較多汽油、提升車速;在車速

過快時,則減少汽油的注入,直到預定速度和實際速度保持一致。

透過這個故事,我們可以對自動駕駛背後的技術條件進行拆解,從而得出一個簡化的模型:一輛自動駕駛汽車,應該由三個系統組成:感知系統、決策系統、執行系統。

感知系統相當於「戰爭狗」的光感性硒光電管,也相當於駕駛的「眼睛」和「耳朵」,只不過在現代自動駕駛汽車裡,它們是由多種感測器和數據蒐集軟體組成的;決策系統相當於「戰爭狗」上根據發光強度訊號控制車子轉向的底層作業系統,當強光條件被觸發時,它能夠快速、果斷地做出決策,並且向執行系統傳遞明確訊號;而執行系統則負責在收到訊號時,立刻做出「向強光一側轉向,無強光則直行」的行為。

具體來說,上述三個系統都能在現實生活中找到樣本:

GPS系統、視覺感測器和數位地圖,就相當於感知系統,它們可以讓自動駕駛汽車知道行駛的路況、位置和方向,甚至「看」到車道線、十字路口、道路標誌等。如果裝置夠先進,比如採用數位相機、光學雷達、超音波感測器等技術,還可以幫助自動駕駛汽車「繪製」周邊動靜態的環境資訊,計算駕駛到目的地所需的距離、速度、時間等。在自動駕駛的場景下,這裡的「看」和「聽」已經超越了人類駕駛的

能力範圍，真正實現了「千里眼」與「順風耳」的效果。

而自動駕駛決策系統就像是一個隨行的人工智慧機器人，它會在感知系統提供的大數據基礎上，隨時進行深度學習和綜合分析，然後快速做出各種駕駛行為的決策，比如前進、轉向、加速、煞車等，並且反應靈敏、毫無情緒、判斷精準，也絕不會疲勞駕駛或酒駕，相當於一個超人類駕駛。

那麼，既然自動駕駛完勝人工駕駛，為什麼至今沒有普及呢？有兩方面原因：一方面是因為自動駕駛需要的硬體成本太高；另一方面則是因為自動駕駛軟體系統的學習需要大量測試數據來「餵養」。

(1) 硬體成本

要知道，製造一輛真正的自動駕駛汽車，需要高昂的硬體成本。比如說，目前自動駕駛的主流技術路線需要透過光學雷達來實現，而它的價格極其昂貴，且一臺自動駕駛測試車還需要裝備數個光學雷達，這大大拉高了成本，也讓更多試圖研發自動駕駛技術的公司望而卻步，把機會留給真正有實力的頂尖企業。目前，Waymo等一線自動駕駛汽車公司，都已經具備無人駕駛技術上路試營運的實力。

(2) 軟體系統

為了保障安全，自動駕駛汽車在真正量產之前，要經過

足夠多道路數據的學習和測試。早在 2016 年，RAND（蘭德公司）就指出，一套自動駕駛系統需要測試約 177 億公里才能達到量產條件，這相當於地球到太陽距離的 118 倍。特斯拉執行長馬斯克也曾說過，如果自動駕駛要得到全世界監管部門的批准，至少需要累積約 96.55 億公里的測試里程。

那麼，如何確保完成這麼高強度的路測任務呢？方法只有兩個：第一，測試車輛的數量足夠多；第二，每一輛測試車輛所累積的里程足夠長。簡單地說，想要快速完成路測任務的方法，是增加測試車輛的基數，讓這些車輛不間斷地在路面上測試。

但是，我們即使把蘭德智庫和馬斯克路測標準中的最低值──96.55 億公里作為測試標準，也需要生產足夠多的汽車，並且讓它們全部上路測試才可以，這也需要耗費巨大的經濟成本和時間成本。

並且，在現實生活中，出於保障人們正常生活和行人安全的考量，很多城市在測試車輛時，會開設專門的自動駕駛測試區，這會導致測試路況與真實路況存在很大的差異：測試路況往往一馬平川，毫無障礙；而在真實的環境中，遇到學校、工地、菜市場等都是常態。這也決定了在測試環境下，很難獲取真實路況的測試數據，這樣的偏差也為自動駕

駛汽車安全測試的品質埋下了隱患。

那麼,元宇宙的出現可以為自動駕駛帶來新的改變嗎?答案是可以的。元宇宙不僅可以大大降低自動駕駛汽車的硬體成本,還能解決其路測數據不足及路況失真的問題。並且,元宇宙的真人模擬環境在車輛的碰撞測試中,具備天然的模擬優勢,能夠透過更充分、更「真實」的測試,讓我們在未來的駕駛中更安全。

元宇宙要如何做到呢?關於這個問題,輝達(NVIDIA)已經給出了答案。

輝達成立於 1993 年,是一家美國的電腦圖形和人工智慧計算公司,也是一家市值超過 7,000 億美元的科技龍頭企業。2021 年 4 月,輝達舉辦了一次大會,在其中的 14 秒影片裡,執行長黃仁勳以及其背後的廚房、家具、擺設,都是用自家的 3D 仿真模擬平臺 Omniverse 生成的。可是,儘管事情已經過去了幾個月,依舊沒有人發現這個「騙局」。最後,輝達不得不親自揭曉,被網友戲稱:「彩蛋埋得太深,也是一種痛苦。」

那麼,輝達 Omniverse 平臺到底有何用途?用平臺副總裁的話說,輝達 Omniverse 平臺透過「使元宇宙空間的願景成為現實」來連結各個世界,它將建立令人驚嘆的虛擬世

界,其外觀、感覺和行為與物理世界一樣。同時,他在接受採訪時表示,輝達擁有建立真實物理世界數位孿生的技術,模擬為所有企業帶來巨大的機會,因為在實際生產之前,對專案進行數千次地模擬,將為企業節省成本和減少浪費,並提高營運效率和準確度。Omniverse 專注於連結和建構物理級準確的虛擬世界或數位孿生,以幫助解決世界上最困難的工程和科學問題。

簡單來說,輝達可以使用 Omniverse 技術打造一個「高品質仿製」的地球,自動駕駛汽車可以在元宇宙中設計並組裝完成後,再放在「高品質仿製」的地球中測試各種「真實」的路況場景,這樣可以快速獲得大量測試數據,輕鬆完成可批次生產完備的自動駕駛系統。如此,現實生活中存在的自動駕駛汽車硬體裝置價格高昂、軟體系統不完善、道路測試數據失真等問題,全部都迎刃而解,可以急速加快自動駕駛汽車的普及。

具體來說,如果自動駕駛汽車公司在「模擬」地球中測試自動駕駛,它完全可以使用虛擬的光學雷達等硬體來測試,並不需要像真實世界一樣,花真金白銀去購買。事實上,在元宇宙環境下,我們連一臺物理形態的真實汽車都不需要,就可以完成路測,更不需要靠增加測試車輛的數量來完成

路測數據，這就好像我們可以在電腦前玩無數次《跑跑卡丁車》，一個小時「駕駛」數百公里，但我們並不需要購買一臺真的卡丁車，甚至不需要持有駕照。並且，我們還可以透過系統設計，將元宇宙裡的虛擬路測變成「加速模式」，就好像安排一個虛擬人 24 小時不休息地進行「駕駛」測試一樣，可以在不影響結果的情況下，讓測試變得更效率更高。而這樣的「加速模式」並非猜測和推斷，而是早有實踐。

受新冠肺炎疫情的影響，Google 旗下的自動駕駛技術公司 Waymo 暫停了在真實道路上的測試工作，改為透過模擬器，讓自動駕駛系統在數位世界裡每日執行相當於 100 年的路測。到目前為止，Waymo 自動駕駛汽車已經模擬行駛了超過 240 億公里的路程，相當於 31,394 次月球之旅。Waymo 代表在一份宣告中稱：「我們的模擬技術，能夠基於現實世界中所見和經歷的駕駛中獲得的數據，來建立一個完全模擬的場景。」

除了降低硬體成本和讓路測變得更加可行之外，元宇宙還能降低自動駕駛中的安全風險。要知道，車輛安全可分為主動安全和被動安全。主動安全是指主動消除不安全的因素，比如安全帶未繫的提醒、ABS 防鎖死煞車系統故障提醒、疲勞駕駛提醒等，這是一種「事前控制」，目的在透過良

好的駕駛習慣，盡量避免事故的發生。而事故之後的補救，就展現在被動安全上，比如安全氣囊的配備、安全帶的設計、安全車身的鑄造等，這是一種「事後防護」，目的是在事故發生時盡最大可能保障乘客的安全。因此，各類碰撞測試一直是消費者了解車輛安全性的重要參考，而廠商也往往樂於將此作為賣點大肆宣傳。

現實中的碰撞測試，使用的模特兒是與人類相似的假人，但事實上，使用假人測試有很多問題。比如說，假人沒有情緒，在遇到碰撞時不會出現真人因為驚慌失措導致的二次錯誤操作；再如，假人通常採用密度均勻的材料製作，體型非常標準化，而真人存在高矮胖瘦、不同年齡、不同性別等各種差異……這些差異都會導致測試失真，會對自動駕駛汽車的碰撞測試造成很大的誤差。

而在元宇宙中，就可以規避這些問題：我們可以直接使用真人在元宇宙中的「化身」作為測試目標，這樣更能捕捉和回饋車輛在發生碰撞時的真實效果。甚至發生碰撞後，人們的受傷程度、車輛的損壞程度等資訊，都可以回饋出來，這樣既保證了測試結果的真實性，以便更能優化汽車的設計和生產，還大大降低了測試成本，那些被撞、報廢的測試車輛的成本，通通都可以省下來。

除了自動駕駛汽車產業之外,自動駕駛技術還能為工業運輸提供助力。比如自動化列隊行駛的構想,其應用場景是這樣的:

到了 2030 年,5G 和物聯網技術已經高度成熟,貨物運輸也能透過自動駕駛來完成。當貨物運輸需要由十輛卡車共同參與完成時,它們可以藉由車聯網技術與同行的其他卡車互相「通訊」,從而透過「自動排列」,讓運輸的整體效率更高。它們可以選擇自發排成一個緊密的車隊,因為每輛車的速度都由大家互相「通訊」確定,因此並不需要有太大的車距。最終,車隊的形態猶如一列超長的火車,只不過每節車廂都由獨立的卡車和獨立的「大腦」組成。

在如此「默契」的運輸模式下,也歡迎新的卡車隨時加入其中,整個車隊猶如一個越來越長的「貪食蛇」,但是卻更加靈活。因為它的每一節「身軀」(卡車)是獨立存在的,如果發生意外狀況,通訊系統會立刻發出命令,「貪食蛇」車隊可以快速「解體」,「身軀」(卡車)可以各自獨立前進、規避風險。這樣的執行模式,就叫做「自動化列隊行駛」。

那麼,為什麼這些卡車需要組合、列隊行駛呢?因為這是一種能讓整體運輸效率更高、能量消耗更低的運輸方式,排在第一輛的卡車可以為後面的卡車「破風」,從而降低整體

的運輸成本和碳排放。

我們知道對每一輛高速行駛的列車而言，車頭都至關重要，原因在於隨著車輛速度的提升，周圍空氣的動力作用，會對列車本身和執行效能產生很大的影響。當列車以時速100公里執行時，空氣阻力約占列車總阻力的一半；以時速250公里執行時，空氣阻力占總阻力的80%以上；當速度達到350公里/每小時，90%左右的阻力來自空氣阻力。

因此，在自動化列隊行駛車隊的行駛過程中，第一輛卡車實際上發揮了「破風」的作用，它將前方的空氣「推開」，降低了整個車隊的氣動阻力係數和升力係數，從而降低了車隊整體的能量消耗，提升了整體的運輸效率。

並且，在這樣的運輸模式下，排在第一的卡車因為承擔了角色，它的視線範圍也最廣，在出現任何意外情況時，它都可以第一時間通知後面的卡車，從而保障整個車隊的安全。

這時，新的問題又出現了：自動化列隊行駛的運輸方式雖然好，但是在這樣的模式下，後面的卡車其實是搭了第一輛卡車的「便車」。第一輛卡車擔任了「領頭羊」的角色，它能幫助整體車隊降低能量消耗和風險，但它自身的能量消耗和風險卻沒有下降。那麼，誰會願意排在第一呢？

一個可行的思路是,可以讓卡車之間相互交易來解決這個問題。具體來說,如果我們可以設計一套支付結算機制,讓加入自動化列隊行駛車隊的卡車都自動支付給「領頭羊」一點費用,作為對方幫助「破風」的補償。

當然,如果設計得更加精細,我們還可以根據每輛卡車在車隊佇列中的具體位置來設計費用標準,就好像列車的一、二、三等座位一樣。因為,從理論上來說,位置越後面的卡車,所需承擔的能量損失和安全風險越小,每一輛前車都在一定程度上擔任了後車的「破風手」角色。

在具體操作上,我們可以採用區塊鏈技術和智慧型合約來解決這個問題:每輛卡車只需要在加入車隊前,在指定的智慧型合約中鎖定一定的數位資產,它的性質可以是訂金、押金或某種擔保,然後將自己在車隊中排位的序號或實際能量消耗等數據,記錄到區塊鏈上,就可以讓智慧型合約計算應付金額並實時結算。

這樣的模式可以徹底解決自動化列隊行駛運輸方式中的商業邏輯問題,既能降低整體運輸的成本和碳排放,提高安全性,還能透過一套公開、公平、公正的交易規則,讓一切變得可行,甚至可能讓高速公路的傳統運輸模式發生翻天覆地的改變。

總而言之，元宇宙為自動駕駛汽車產業的發展，提供了巨大的機會和空間，當各大汽車業者不再需要為高昂的硬體成本擔憂、為大量的測試數據憂愁、為失真的碰撞測試煩惱，只需要專注於自動駕駛相關技術的開發時，自動駕駛汽車面世的速度一定會大大地加快，這一天的到來也變得指日可待。

不僅如此，伴隨著科技的發展，智慧駕駛也必將隨著自動駕駛的普及而走進客戶端。事實上，針對車輛這個移動空間的智慧化，許多企業都進行了實質性的探索，一些 C 端產品已經進入了裝車測試階段。

比如一款針對駕駛健康問題的智慧方向盤即將問世，其原理為：在智慧方向盤以及關鍵位置安裝光電感測器、心電感測器、溫度感測器等精密裝置，應用心電圖（ECG）、光體積變化描記圖法（PPG）生物訊號辨識和物聯網相關技術，在車輛行駛過程中，對駕駛人員的體溫、血氧、心率、血壓、心電和駕駛時間等身體健康資訊進行實時監測，再透過 T-BOX 車聯網模組和雲端平臺進行數據處理、統計、疲勞等級分析等工作，並且與健康大數據進行橫向連結，從而提出保健建議和疾病預警，達到實時監測駕駛人員健康和安全的效果。

並且,智慧方向盤作為安全輔助駕駛系統的一部分,在緊急情況下,還能夠透過對車輛所在位置的掌握,對突發的健康問題提供緊急處理的方案建議,比如一鍵對接附近的醫院等。

綜上所述,元宇宙的發展讓「自動＋智慧」駕駛不再遙遠,相信在元宇宙技術的啟動之下,開創智慧駕駛新生態指日可待。

3 「元宇宙」應用說明書

4
元宇宙時代的數位經濟新玩法

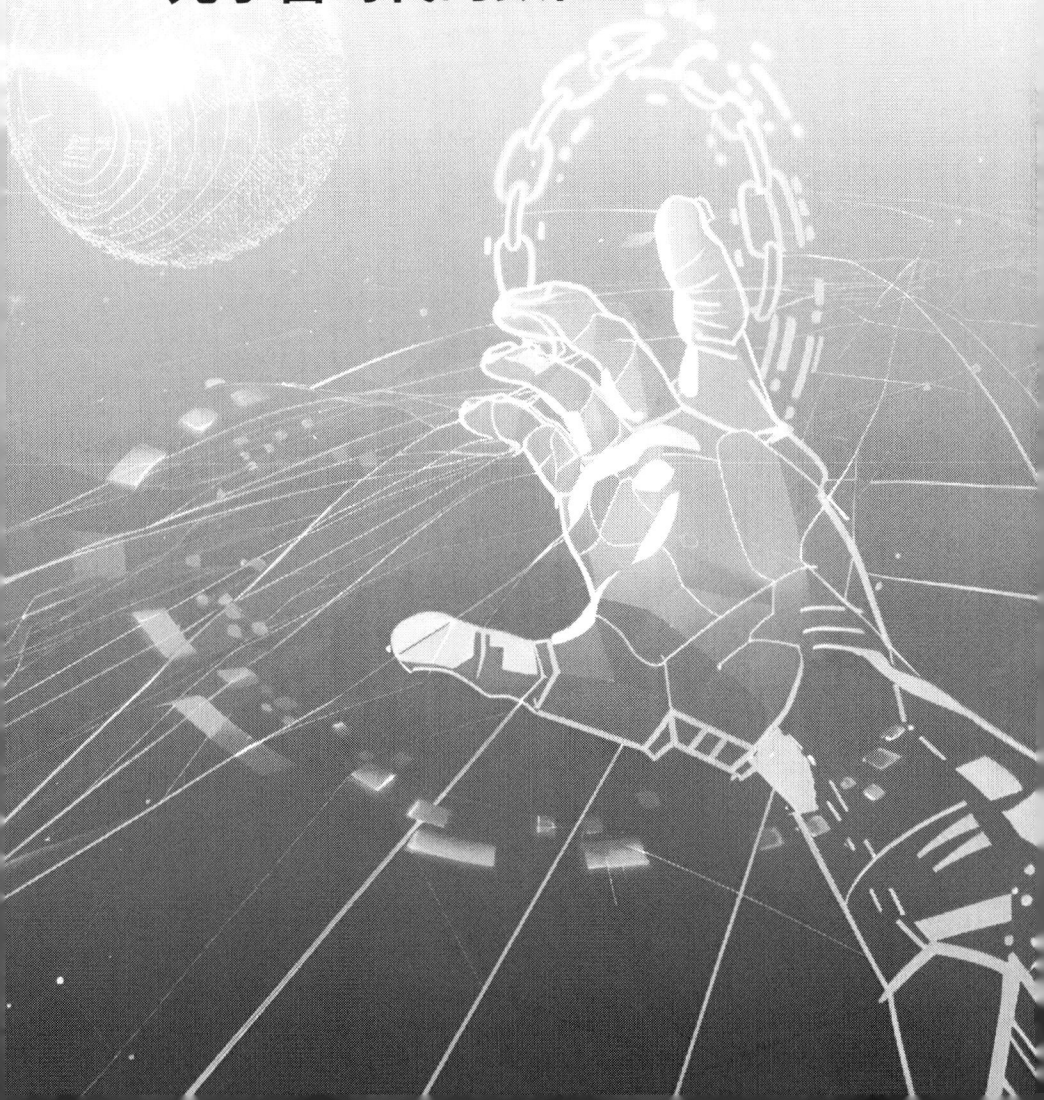

4 元宇宙時代的數位經濟新玩法

IP 經濟：虛擬數位人爆紅帶來的啟示

IP 是現在非常熱門的詞語，它的英文是 Intellectual Property，直譯過來是智慧財產權的意思。不過，在中文的語境中，IP 和傳統的智慧財產權有很大的差別，如果用一句簡潔的話來概括，IP 更像是新媒體時代的一種內容表現形式，它有一套獨立的思維理念、營運方法和商業模式，可以透過對內容價值的深度挖掘，實現多元化變現。

一般來說，IP 具有四個顯著的特性：

（1）符號性；

（2）延展性；

（3）實用性；

（4）虛擬性。

我們以迪士尼為例，聊一聊 IP「四特性」的應用。因為，論 IP 的擁有量，世界上恐怕沒有一家企業能和迪士尼相比。

1923 年，華特迪士尼公司（The Walt Disney Company）

成立。1928年，迪士尼經典IP形象米老鼠問世，此後，唐老鴨、高飛等一系列高流量IP紛紛出現。之後，迪士尼又陸續透過自創和收購的方式，擁有了白雪公主、花木蘭、漫威系列、小熊維尼系列、盧卡斯系列、皮克斯系列等超過5,000個IP角色。

1957年，華特・迪士尼（Walt Disney）在好萊塢畫下一張草圖，這張草圖其實是一份充滿野心的商業計畫書。在這份「迪士尼計畫」裡，電影是主角，主題公園、電視、音樂、出版品、授權和商品零售等環環相扣，幾乎把動畫IP所能觸及的相關產業全部收入囊中。正如華特・迪士尼所說：「迪士尼樂園是一個永遠都不可能真正完成的專案。它應該是一個一直在發展的，一直都能夠增加新元素的地方。」

事實上，迪士尼的跨界行銷一直做得很好，早已涵蓋了化妝品、服飾、玩具、食品、文創等多種品類，比如與服飾品牌聯合推出「花木蘭的新衣」，與飾品店聯合推出木蘭梳，與Coach推出聯名包……等。

在這些行銷中，我們可以看到迪士尼IP往往是以旗下擁有的漫畫人物為主角，具有強大的辨識度，展現了IP的符號性；迪士尼跳出傳統動畫製作公司的商業框架，大膽探索多樣化的跨界行銷方式，從服裝、玩具、文創到實體主題活動等，展現了IP的延展性；迪士尼的IP都有明確的變現路徑，

4 元宇宙時代的數位經濟新玩法

比如 2021 年 9 月出道的 IP 周邊玩具 —— 粉紅色狐狸玲娜貝兒（LinaBell），僅誕生三個月，其價格已經漲了十幾倍，曾一度賣到斷貨，充分展現 IP 的實用性；迪士尼樂園的口號不是「最大的遊樂場」，而是「世界上最快樂的地方」，一直以來，迪士尼也是以「販賣快樂」作為品牌目標，這展現了 IP 的虛擬性。

那麼，為什麼 IP 經濟得以存在且發展得越來越好？從本質上來說，這和現代人的需求變化有很大的關係。我們在前面的內容說過，根據馬斯洛的需求層次理論，人類的需求被描繪成金字塔狀的五個等級，從低到高分別為：生理需求、安全需求、歸屬需求、尊重需求以及自我實現的需求。

回顧一下物資相對匱乏、網際網路尚未誕生的 1950 年代，那時人們的需求非常簡單 —— 吃飽飯、有衣穿，如果還能有腳踏車、收音機、縫紉機，那就是一件很有面子的事。但是，得益於時代的進步和科技的發展，現在的人們早已不滿足於吃飽、穿暖，開始追求豐富的精神世界。

因此，在需求提升的大環境下，產品本身的價值就需要被重新定義：在以前，我們買東西先看性價比，「物美價廉」的購物理念廣受歡迎；而現在，只有被人「喜歡」的東西才會被購買，而這就是 IP 的機會。

如今，我們已經進入 IP 經濟的時代，相較於傳統一本正經的企業品牌，有活力、有特色、有辨識度的個人 IP（哪怕是虛擬的），在市場上明顯有更強的吸引力。人們對這些 IP 的喜歡是簡單而純粹的，而這反映出的社會變化是緩慢卻翻天覆地的。

現在的時代是 IP 經濟的時代，人們在購買商品時，關注的重點並不僅僅局限於產品品質本身，還會考量產品是否有趣、好玩，背後的故事是否吸引人，產品和服務是否能夠滿足自己多角度的精神需求。

那麼，元宇宙裡的 IP 經濟又如何展現呢？被稱為「元宇宙第一股」的沙盒類遊戲公司 Roblox 將元宇宙的特徵總結為：

(1) 個體的虛擬身分；

(2) 跨越空間交友；

(3) 沉浸感；

(4) 低延遲；

(5) 多元化；

(6) 隨地可以透過裝置進入；

(7) 擁有經濟系統；

(8) 形成獨立的社會規則與文明。

4 元宇宙時代的數位經濟新玩法

在元宇宙的世界裡，只要有一個成功的 IP，然後圍繞 IP 進行持續高品質地深耕，一定能生長出一個對應賽道的「IP 經濟體」——一個立體的、以 IP 為核心的商業矩陣，甚至可以直接把現實世界的代言人體系「移植」到元宇宙中。

但要強調的是，IP 雖說是一個很好的起點，它用優秀的作品讓觀眾能夠輕易辨識自己喜歡的內容，也讓創作者可以藉此輸出有價值的資訊。但是，IP 並不是一個可以讓人偷懶的工具，創造一個優秀的 IP，並不意味著從此可以高枕無憂、坐享其成，恰恰相反，它意味著一段艱苦的旅程的開始。當觀眾和市場對你有了更高的期待，你必須採用更高的標準、投入更多的努力去回饋、去滿足。就像虛擬偶像，當市場給予他們最大的注意力和期待值，就很難接受他們變得平庸。

總而言之，「個體的虛擬身分」已經以虛擬數位人的形式進行呈現，讓我們對元宇宙的概念也更清楚了一些。可以想像，未來當我們以虛擬身分進入元宇宙時，也將與「他們」共享同樣的空間。同樣地，一個沒有故事、沒有背景、沒有朋友、沒有身分的數位人剛剛誕生，就可以因為夠有個性、夠特別、夠美而迅速爆紅，這也給我們普通人提供了機會，當然，前提是你得足夠有才華。

另外，元宇宙虛擬數位人作為人類在虛擬世界的復刻，也會減少一些特定的、關於「人」的風險，就好像娛樂圈明星在一個接一個出現負面新聞之後，虛擬偶像反而成了市場追捧的寵兒。一位大學教授曾表示，未來 5～10 年，大量網紅將被虛擬人所取代，我們現在追的明星或喜歡的偶像可能是一個真實的人，但隨著人工智慧進一步發展，虛擬人跟真人之間相似度越來越高，有些情況下，虛擬偶像會發展得更加迅速。

我們可以大膽地預測，虛擬人的應用場景和價值，會被不斷地擴展和放大。在未來，虛擬人很可能沿著提供高品質、個性化服務的私人助理方向演進，在應對高齡化、少子化問題，以及精神陪伴等方面，發揮更大的價值。

社群經濟：數位時代的經濟變革

什麼是社群經濟？在網際網路語境下，社群經濟是指一群有共同興趣、認知、價值觀的使用者聚合在一起，彼此信任、交流、合作，形成互利互惠關係的經濟模式。它的特點是群體成員的愛好相同、需求相似，一般透過線上社群、實體活動等形式進行多人、多向的交流互動，從而形成深入、多元並且相對穩固的網狀關係鏈。

在網際網路時代，忠誠度的重要性遠遠大於美譽度和知名度，或者說，前者是後者存在的前提。我們現在正處於網路時代，還即將處於遠遠超越現代網際網路的元宇宙時代，而這注定了企業的商業模式需要發生根本性的改變，才能適應時代的變化，並且這樣的迭代應該是動態和無止境的。

具體來說，網際網路生態下的商業模式與實體傳統企業有很大的不同，主要展現在以下四個方面：

第一，網際網路打破了資訊不對稱的壁壘，當一切變得透明，真誠就成了唯一可行的「策略」。簡單來說，在沒有網

際網路的時代，我們去一家包子店買了一個沒有肉的肉包，我們可能會罵老闆，甚至和他吵一架，然後事情就不了了之。因為資訊不對稱，其他人並不知情，所以包子店還可以繼續賣「假肉包」。

而如果是在網際網路時代，我們把「肉包沒有肉」寫成一篇極具感染力的文章，或者拍成了影片，結果可能就是：你紅了，這家包子店也「紅」了。因為資訊對稱了，所以沒有人再去買了，包子店可能很快就會關門了。這樣的情況屢見不鮮，我們在 Google 評價中時常可以看到。

第二，網際網路不僅衝擊、甚至消滅了「中間商賺差價」的盈利模式，也讓公司內部的管理架構變得扁平，人與人之間的資訊傳遞更加直接有效率，這也直接導致了企業公關方式的轉變：從「傳統的明星代言＋媒體廣告模式」變為「創辦人真人上陣＋帶貨」模式，放大了創辦人的個人影響力，也直接作用於企業的經營效果。

第三，網際網路的資訊傳播速度飛快，且影響範圍空前巨大。如果大家關注過娛樂明星的八卦，就會深刻體會到這一點：前幾天還是優質偶像、身家數億的某歌手，因為前妻在社群媒體上發表的幾篇爆料文章，在數天之內形象盡毀，不得不宣告暫時退出演藝圈。透過此事可以看到，網際網路

的威力之大,可以讓人在數天之內從天堂掉到地獄,足以讓每個人瞠目結舌。

第四,網際網路是一個巨大的去中心化社群媒體,每個普通人都可能成為訊息節點,甚至是意見領袖。就好像上文提到的某歌手事件,其妻原本是一名普通的全職太太,公眾影響力幾乎為零,但在她發聲控訴某歌手之後,因為其文字辛酸、真切,遭遇令人同情,快速引發了輿論戰。不僅話題熱度數天不減,還引發娛樂圈中幾位相關明星發聲「自證清白」。這就是一次典型的素人引發輿論巨浪的事件,假設脫離了網際網路這個工具,這一切都不可能發生。

基於網際網路的上述特性,社群經濟應運而生,且已經成為非常重要的資訊傳播方式。如果你是一個社群的意見領袖,你會非常容易影響你的粉絲,不管你發聲的內容是關於建構一個更好的未來,還是單純地希望變現自己的產品。事實上,社群媒體也不是新生事物,早期有噗浪(Plurk)、無名小站等社群,近年來有 YouTube、臉書、IG 等社群,這類社群媒體面對廣大使用者,提供了更低的表達門檻,它是大眾創作和消費的場所,是自成體系的社群經濟部落。

這也代表了一種現在乃至未來的「生產」模式,我相信,未來的生產一定不是各大公司的閉門造車,而是讓使用者真

正透過「參與──回饋──優化」來不斷完善產品。也就是說，如果想要做出讓人尖叫的產品，那就一定要來到第一線，和使用者待在一起。如果想要打造出深入人心的品牌，也一定要真正理解消費者的情緒。並且，品牌背後不應該僅僅只有工程師，更應該有設計師、藝術家等對生活有高感知度、對使用者有高共情力的人群。

世間萬物，起承轉合，不管未來的商業模式如何多變，未來終究是一個「物以類聚、人以群分」的時代，工具和模式永遠不構成核心壁壘，終究需要建立在一個普世基石之上，那就是以「歸屬感」、「參與感」為核心的社群生態。社群經濟不過是嫁接在上面，用直接（會費、廣告費等）或間接（社群電商等）的方式變現的商業模式而已。

那麼，在未來元宇宙的世界裡，社群經濟可能是什麼樣子？我們從維基百科的誕生和發展中可窺見一斑。2000年，吉米・威爾斯（Jimmy Wales）和拉里・桑格（Larry Sanger）創立了 Nupedia（維基百科的前身），他們想讓各個領域的專家撰寫內容，並交給同行評審，最終讓 Nupedia 成為一個網頁版百科全書。但是，因為 Nupedia 的發展效率太過緩慢，一年只產生了 21 篇文章，於是，他們引用了一種叫 Wiki 的模式，它是一種超文字系統，可以讓特定群體裡的每一個人瀏

覽、建立、修改文字,還能夠保留修改紀錄和進行管理。

於是,神奇的事情發生了:時至今日,有超過 30 萬名「維基人」每天自願付出時間來撰寫、編輯、檢查、刪改維基百科的內容。也就是說,這本全球最大的線上百科全書,幾乎每分每秒都在被書寫、編輯,同時也在被擦除和重建。它成了一個隨時都在「自我進化」的有機生命體。根據規則,無論你是誰,如果你想參與維基百科的建設,你只需要點選詞條頁面上的「編輯」,你的身分就從「讀者」變成了「編輯」,你就可以開始為它工作了。

維基百科還一直貫徹著「對所有人免費」的承諾,全部收入都來自慈善撥款和使用者資助。2020 年籌集到的 1.2 億美元捐款中,有 85％以上都來自個人。值得一提的是,雖然維基百科是免費的,但是 2018 年的一項研究顯示,美國消費者願意每年為維基百科的優質內容付出約 150 美元,這意味著維基百科每年的潛在營收可以達到 420 億美元,不能不說是一個奇蹟,這也成為社群分散式協同創造價值的一個重要案例。

當然,站在社群經濟的角度,維基百科因為是一個非營利組織,在社群經濟方面的表現並不明顯,所以只能算是一個經濟社群的「半成品」。元宇宙下的社群經濟,應該加入更精巧的經濟體系,如能激勵參與者按照規則協同創作的

體系。

比如，在「Axie Infinity」遊戲中，遊戲本身透過 P2E 金融系統能夠實現「邊玩邊賺」的商業效果，讓玩家可以把遊戲時長換成錢，裡面的 YGG 公會又能夠為玩家提供遊戲賺錢的一條龍服務，如出借 Axie 用來降低新手玩家的入門成本等，進一步發揮了激勵遊戲的作用。我們可以把這類完整的經濟體系社群叫「經濟社群」，把在它們之上衍生的經濟模式叫「社群經濟」。

但是，在元宇宙的世界裡，如果我們僅僅將社群經濟理解至維基百科、「Axie Infinity」的層面，還是過於淺顯了。事實上，決定社群經濟能否活躍的核心因素，在於價值分配規則的確立，如果再進一步延伸，應該追溯到價值分配規則制定權的確立。簡單來說，就是我們要知道：到底是誰在決定，以及如何決定你應該分到多少錢？

2020 年下半年，某雜誌一篇調查報告引起各界的廣泛爭議，文章寫道：

「據相關數據顯示，2019 年，外送訂單平均配送時長比 3 年前減少了 10 分鐘。系統有能力接連不斷地吞掉時間，對締造者來說，這是值得稱頌的進步，是 AI 智慧演算法深度學習能力的展現⋯⋯而對實踐技術進步的外送人員而言，這卻可

4 元宇宙時代的數位經濟新玩法

能是瘋狂且要命的。在系統的設定中,配送時間是最重要的指標,而超時是不被允許的,一旦發生,便意味著負評、收入降低,甚至被淘汰。」

在這篇文章裡,這類網路平臺上的勞動者,他們是一個足夠龐大的群體,是一種「數字貢獻者」。根據喬治・吉爾德（George Gilder）於 1993 年提出的梅特卡夫定律（Metcalfe's law）,一個網路的價值,等於該網路內的節點數的平方,而且該網路的價值,與網路的使用者數的平方成正比。

根據該定律,一個網路的使用者數目越多,整個網路和該網路內的每臺電腦的價值也就越大。也就是說,身為「數字貢獻者」的外送員,在相當程度上成就了平臺的價值,是平臺商業模式中不可或缺的重要組成部分。理論上,他們和平臺之間應該是「互利共生、雙向提升、彼此尊重」的友好及平等關係。

但是事實上,在目前的外送行業裡,平臺對外送員的任務、分配、處罰都處於絕對強勢的地位,且平臺常常因為系統更新和技術進步而臨時提高考核的標準,甚至變更收入的規則。所以,外送員的身分,事實上處於受僱者與自營工作者之間的模糊狀態,對平臺而言,他們似乎是自己人,又似乎不是自己人。

所以，從表面上看，雖然外送員對平臺的發展產生至關重要的作用，但他們面臨的處境，卻只能被動接受平臺越來越嚴苛、越來越榨乾剩餘價值的遊戲規則，他們既無法參與平臺的治理，更無權參與平臺利益的分配。

所以，前面的問題表面上似乎是分配規則的問題，深入看則是誰有權參與平臺治理，以及如何參與平臺治理的問題。事實上，在網際網路乃至未來更進一步的元宇宙時代，如果我們依然奉行「股東利益至上」的公司制，一定無法激發「數字貢獻者」的能力和熱情，平臺的發展與關鍵的「數字貢獻者」一定會長期呈現「貌合心不合」的內在隔閡，這樣落後的生產關係，一定會對生產力的發展產生束縛。我們亟需一種更開放、公平、精準、可行的治理暨價值分配機制，能夠讓「數字貢獻者」與平臺共創雙贏。

我相信在未來，傳統的公司營運模式將走向衰落，社群經濟會進一步崛起。在公司目標上，會從過去的股東價值最大化，轉變為社群生態價值最大化；在利益分配上，也會從過去的股權決定分配，轉變為以個人貢獻為導向的價值分配。關於這部分內容，我們會在後面的章節裡詳細展開。

藝術經濟：
誕生即不朽，賦予藝術永恆的生命

2021 年 3 月，舉行了一場 NFT 加密藝術展。在活動中，一位藝術家的一件藝術作品被現場焚燒，同時生成了一幅 NFT 加密藝術作品，這幅作品隨後被一名收藏家買下，並把它收藏在區塊鏈上。

其實，這樣「摧毀式」的行為藝術並非首創。早在 2018 年，英國著名街頭藝術家班克西（Banksy）就曾做出一件轟動藝術界的事：2018 年 10 月 5 日，在英國倫敦的一場盛大的拍賣會上，競拍的壓軸作品就是班克西的《女孩與氣球》(Girl With Balloon)，最終，這幅畫作被拍出 104 萬英鎊的天價。可是，就在拍賣槌子敲響的時候，意想不到的事情發生了，畫框裡竟然被提前設定了一個隱藏碎紙機，它將這幅畫吸了進去，把下半部分變成了碎紙條，只留下上半部分的氣球，全場頓時一片譁然（如圖 4-1 所示）。

班克西引用畢卡索的一句名言，對這件事給出解釋：「摧

毀的衝動也是一種創造性的衝動。」

但是,對於這場「事故」,蘇富比歐洲當代藝術主管亞歷克斯‧布蘭奇克（Alex Branchik）卻給出了出乎意料的評價：「當《女孩與氣球》在我們的拍賣廳自毀時,班克西引發了全球轟動,此後已成為一種文化現象。在那個令人難忘的夜晚,班克西並沒有透過撕碎一件藝術品來摧毀它,而是創造了一件藝術品。」並且,蘇富比還表示,這是「班克西的終極藝術品和近代藝術史上的真正代表」。也就是說,班克西自毀作品的行為不僅沒有遭到非議,反而被認為是一種「勇於打破傳統,勇於藝術創新」的表現。

圖 4-1：2018 年班克西作品《女孩與氣球》在高價成交後自動銷毀

4 元宇宙時代的數位經濟新玩法

　　事實上，市場也對此做出了正面的回應，這幅殘缺的作品之後被改名為《垃圾桶中的愛》(*Love is in the Bin*)，當它於 2021 年 10 月在倫敦蘇富比拍賣行再次拍賣時，在 10 分鐘內就被拍出了 1,860 萬英鎊的高價，這可是原本完整的《女孩與氣球》價格的 17.88 倍。

　　歷史還在重演。2021 年 3 月 11 日，有人以 9.5 萬美元的價格購買了班克西的畫作。他們模仿班克西「自毀」畫作的行為，燒毀了這幅作品，並且進行了全程直播。之後，這幅作品被製作成數位藝術品 NFT 進行拍賣，並且被拍出約 38 萬美元的價格，已經超過了實物版原作價格的 4 倍（如圖 4-2 所示）。

圖 4-2：班克西的畫作被燒毀

這件事情引發了許多藝術界人士的關注,其中既有支持者,也不乏對此進行批評之人。支持者認為這種行為「本身就是一種藝術的表達」,再加上畫作的電子版本在經過區塊鏈技術處理後,擁有獨一無二的 NFT 標誌,可以確定作品的所有權,所以不管它的實物是存在還是滅失,都不會影響它的藝術價值。

而反對者則認為,燒毀畫作並不是藝術的表達,而是一種斂財的手段,如果毀滅也能成為藝術,我們曾經在文物修復上耗費的大量人力、物力就失去了意義,我們應該抵制這樣的行為,而不是墮入貪婪的風潮。

無論大家對藝術品的存在形式抱有何種觀點,有一點是毋庸置疑的,那就是數位典藏從此走進了大眾的視線,掀起了一陣炙手可熱的流行風潮。

什麼是數位典藏呢?數位典藏是使用區塊鏈技術進行唯一標誌的、經數位化的特定作品、藝術品和商品,包括但不限於數位畫作、圖片、音樂、影片、3D 模型等各種形式。它是一種虛擬數位商品,每個商品都對應著特定區塊鏈上的唯一序列號,不可竄改,不可分割,也不能互相替代。

總而言之,NFT 數位藝術已經成為藝術的重要表現形式。佳士得拍賣行的數位藝術家明確表示:「現在 NFT 才剛

剛引起人們的關注，人們開始意識到這個領域蘊藏著無窮的能量，這裡有未來，也有豐厚的收入。看起來，人們昨天還是把它當成一個玩笑，但現在我可以大膽地預言，在未來10年，我們將看到一個數位藝術作品的銷售量超過以往實體藝術品的總銷售量。因為我們的生活正逐步進入數位化時代。」

具體來說，NFT數位藝術有兩種創作方式：一種是由藝術家使用電腦直接進行創作，然後對作品進行NFT加密；另外一種是將傳統的實物藝術品轉換為數位形式，然後再進行NFT加密。

佳士得拍賣行數位藝術家崔佛·瓊斯解釋了他的NFT如何從他的實體作品轉化而來：「我的大部分NFT作品是我實體作品的動畫版本，我將把它們做成獨一無二的作品出售。對我來說，NFT版本和實體版本是以不同方式呈現的兩種不同藝術表現形式。儘管有時它們可以成套賣給收藏者，但我認為它們仍然是獨立的藝術作品。」

具體來說，相對於傳統的實物藝術品，NFT數位藝術有五大優勢：

(1) 獨一無二

實物藝術品非常容易被模仿，而NFT數位藝術品因為有NFT加密，就變成了獨一無二的存在，甚至連作者本人也無

法修改,保障了作品的專屬性。要注意的是,此處的「專屬性」指的是作品所有權的專屬性,也就是說,NFT 具備一套能夠證明某位收藏者是唯一真正持有藝術家原版作品的權利確認機制,但是這並不意味著 NFT 藝術品無法在網路上被複製、截圖、傳播甚至下載。但是,哪怕有 1 萬人透過複製「擁有」了這張 NFT 藝術品,它真正可追溯的歸屬權也只屬於那位經過 NFT 購買認證的收藏者。

NFT 數位藝術還可以消除藝術收藏界的偷盜問題。2019 年 9 月 14 日,一起入室偷盜事件發生在英國布萊尼姆宮(Blenheim Palace),盜賊用卡車撞進莊園大門,粗暴地把門砸開,以最快的速度暴力拆除了一個黃金馬桶,然後開車把它運走了。要知道,這可不是一個普通的馬桶,而是由義大利藝術家莫瑞吉奧·卡特蘭(Maurizio Cattelan)用 18K 金打造,重量約在 70～120 磅之間,價值約 600 萬美元,名字叫「美國」,象徵著美國夢的金馬桶。這個馬桶至今下落不明。

所以,我們可以想像一下,如果全世界的藝術品都使用 NFT 數位藝術的形式存在,那麼關於藝術品的偷盜問題就不復存在,我們可以大膽向任何人展示我們的收藏,談論自己的品味,完全不用擔心「露財」導致的財產安全問題。

（2）永恆存在

像元宇宙裡的世界一樣，NFT 數位藝術品也是永恆存在的，不會像實物藝術品隨著時間會發生折舊和磨損，它的儲存時間可以比我們的生命還長，一幅作品歷經數代人的傳承並且毫無磨損，不再只是夢想。

（3）公開透明

NFT 數位藝術品運用了區塊鏈去中心化的記錄方式，整個過程公開透明，有據可查，並且可以追本溯源，明確版權並且進行交易。簡單來說，NFT 就是透過區塊鏈技術，為作品打上獨一無二的防偽編號，使作品本身變成一種具備唯一性的數位代幣。事實上，NFT 的運作方式就是透過區塊鏈技術加密某張圖片、電子專輯或其他數位作品，使其具有唯一性、完整性並且不可分割。

（4）機會公平

NFT 數位藝術品基於公開、透明、自由的網路世界而存在，不存在資源、管道的壁壘，作品就是決定價值的唯一準繩，其實是給了眾多年輕、不知名的、非主流的藝術家，公平進入市場的機會。事實上，數位藝術的發展在相當程度上降低了人們參與創作的門檻，哪怕你是一個從來沒有受過專業藝術訓練的普通人，甚至從來沒有完整畫出過一幅作品，

你依然有機會向大家展示你的創意,如果你的創意被人喜歡,甚至願意付費購買,你就已經成為一名數位藝術家。

事實上,這樣的故事在現實中正在發生。2021 年 6 月 23 日上午 10 點左右,佳士得的網站因為湧入的買家太多而癱瘓了,這種事情在歷史上從來沒有發生過。而造成網站癱瘓的人,是一個只用一年時間就實現了單件作品價格從 90 美元飆升到 55 萬美元的 18 歲年輕人,一位來自拉斯維加斯的藝術家──Fewocious,本名是維克多・朗格盧瓦(Victor Langlois)。他如今已成為佳士得有史以來最年輕的藝術家,自從 2020 年進入 NFT 領域以來,他的作品收入接近 1,800 萬美元。

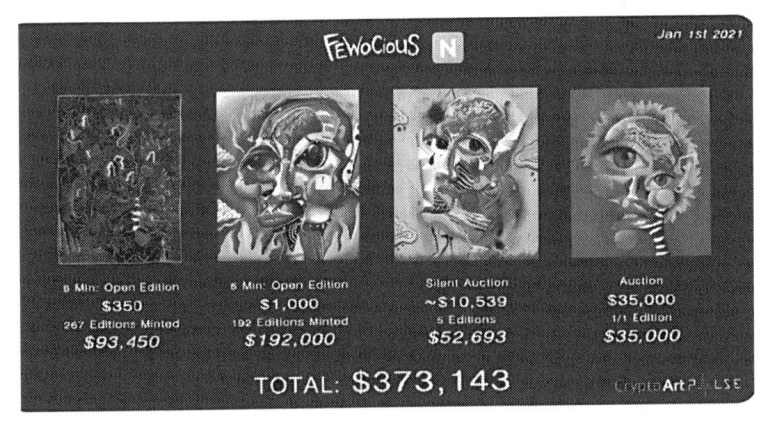

圖 4-3:Fewocious 的作品

難以想像的是，在 2020 年 3 月，Fewocious 還是一個作品只賣 90 美元的普通人，生活在一個隨時想要逃離的家庭環境，默默用畫表達他的不安和夢想。直到 2020 年 8 月，他的客戶建議他去一個名為「Superrare」的網站釋出一份 NFT 作品，於是，一個全新的世界在他面前展開，用他的話說，「這完全改變了我的人生」。我相信在元宇宙的世界裡，數位藝術還可以改變更多人的人生（如圖 4-3 所示）。

(5) 流通有效率

相對於實物藝術品交易需要考量儲存、運輸、網路支付等煩瑣環節和附加成本，NFT 數位藝術品在網路推廣、物品交割、交易支付時都更加便捷和經濟，提高了藝術品市場流通的效率。這就好像如果我們想收藏一幅達文西的實體作品，需要經過鑑定、購買、運輸、儲存等一系列問題，而如果只是收藏達文西原版畫作的 NFT 作品，我們只要在家動動手指就可以實現了。

5
關於元宇宙的另一面

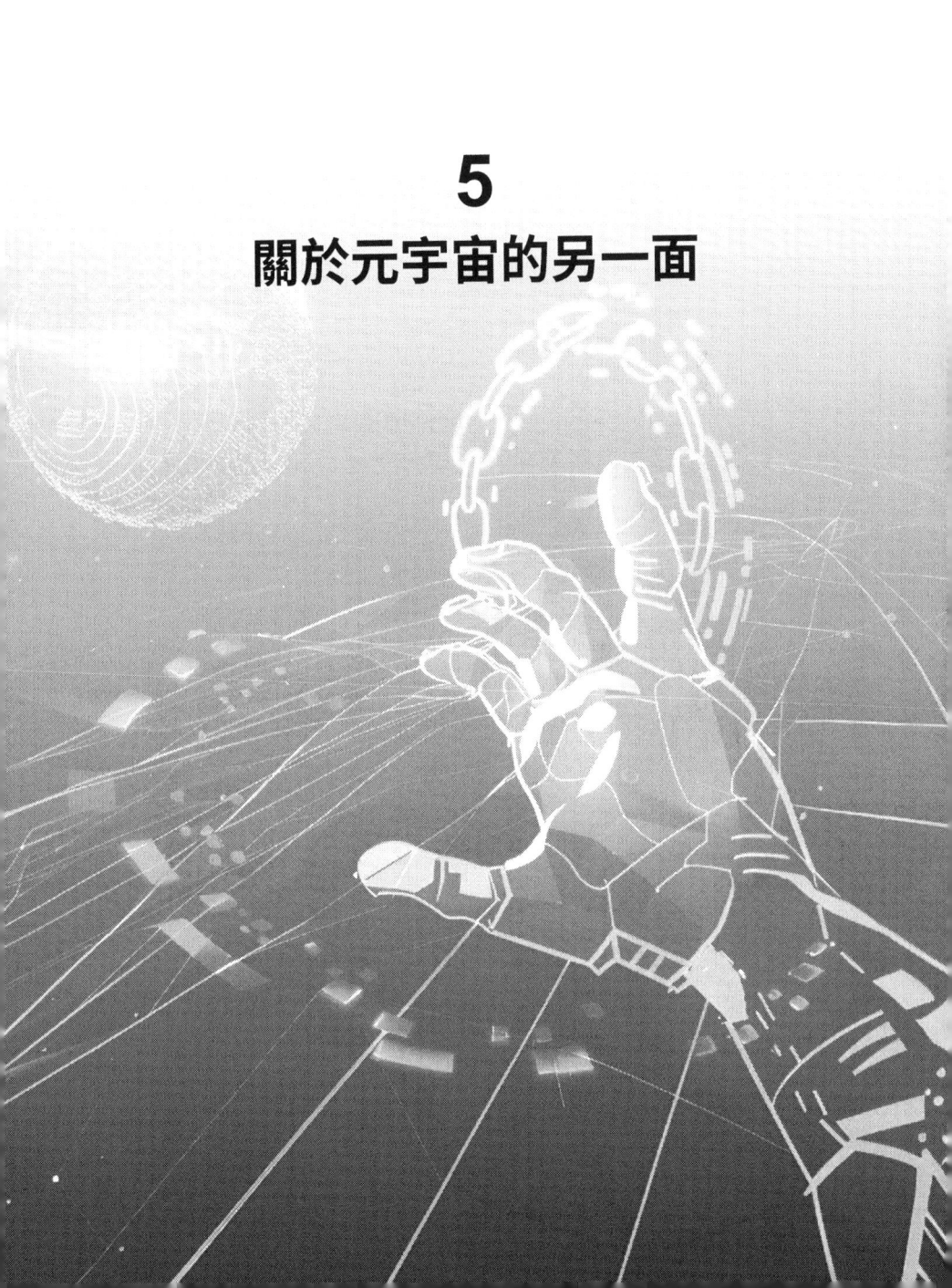

5　關於元宇宙的另一面

未來，在元宇宙裡的每一天

2020年5月，亞馬遜網站首播了格雷格・丹尼爾斯（Greg Daniels）創作的美國科幻喜劇《上傳天地》（*Upload*），裡面描述了一幅景象：

在不遠的2033年，某科技公司營運了虛擬實境酒店——湖景莊園，將死之人只需要支付費用，就可以透過「上傳」自己的數據，在莊園中實現永生。湖景莊園是一個全數位化的虛擬世界，裡面的景象和功能與現實世界無異，甚至更加智慧，可以按照客戶的要求進行各種私人訂製，莊園裡的上傳者也可以與現實世界的人交流互動。

主角內森（Nathan）因為一場車禍在現實世界去世。去世之前，他在富二代女友的說服下上傳了記憶，於是他的「靈魂」來到了湖景莊園。因為女友支付了足夠的流量費用，內森在莊園裡享受著VIP待遇，有不限量的自助餐，有隨叫隨到的客服，可以一鍵切換窗外的景色，從夏天的綠意切換到冬天的雪景。

在《上傳天地》中，除了沒有獨立的經濟系統，必須依賴現實世界的資金支援之外，湖景莊園在其他方面都與未來元宇宙的形態高度相似，人們可以沉浸其中，過著「普通」的生活，只是更加便捷、豐富和有效率。

目前，越來越多的大公司也邁出了「元宇宙化」的步伐。據新聞報導，前世界首富、微軟公司創辦人比爾蓋茲（Bill Gates）在 2021 年年終信中表示，未來兩、三年內，虛擬會議將從二維影像轉向元宇宙。比爾蓋茲表示，疫情已經徹底改變了大家的工作方式，許多公司已經為希望遠端辦公的員工提供靈活的辦公場所。未來，一個有虛擬形象的 3D 空間，將成為大多數虛擬會議召開的地方，人們最終將使用自己的化身，在一個虛擬空間中與他人會面，這個虛擬空間可以複製出與人們同處一個真實房間中的感覺。

元宇宙實時的沉浸式體驗畫面效果以及同一空間內的多人互動，都需要大量算力以及先進演算法的支援，也需要大量的研發投入，因此，技術實力將成為未來元宇宙競爭的關鍵一環。而目前元宇宙尚處於非常初期的產業探索階段，其發展是循序漸進的，將由整個社群花費很長時間來共同建構並成熟。

可以想見，我們未來的工作和生活都將與元宇宙密不可

5 關於元宇宙的另一面

分,可能在未來的每一天,當我們早上睜開眼睛,簡單盥洗、穿衣之後,就需要戴上 VR 裝置進入元宇宙的世界,在裡面開始一天的工作。

元宇宙開始時可能是一種選擇,但是隨著它的無限擴大和代代相傳,它終究會成為一種必然,甚至是一種賴以生存的職業。隨著時代的發展,每一個社會人,都必將掌握元宇宙裡的生活和工作技能,成為一個「元宇宙人」(如圖 5-1 所示)。

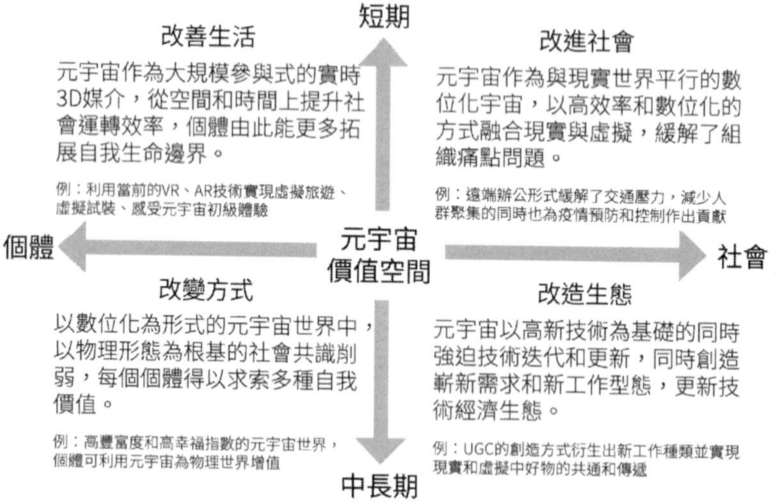

短期

改善生活
元宇宙作為大規模參與式的實時3D媒介,從空間和時間上提升社會運轉效率,個體由此能更多拓展自我生命邊界。
例:利用當前的VR、AR技術實現虛擬旅遊、虛擬試裝、感受元宇宙初級體驗

改進社會
元宇宙作為與現實世界平行的數位化宇宙,以高效率和數位化的方式融合現實與虛擬,緩解了組織痛點問題。
例:遠端辦公形式緩解了交通壓力,減少人群聚集的同時也為疫情預防和控制作出貢獻

個體 ← **元宇宙價值空間** → **社會**

改變方式
以數位化為形式的元宇宙世界中,以物理形態為根基的社會共識削弱,每個個體得以求索多種自我價值。
例:高豐富度和高幸福指數的元宇宙世界,個體可利用元宇宙為物理世界增值

改造生態
元宇宙以高新技術為基礎的同時強迫技術迭代和更新,同時創造嶄新需求和新工作型態,更新技術經濟生態。
例:UGC的創造方式衍生出新工作種類並實現現實和虛擬中好物的共通和傳遞

中長期

圖 5-1:元宇宙價值空間
數據來源:光大證券研究所整理

順著這個話題,我們再來延伸思考一個問題:隨著科技的無限發展,是否世界上的一切都可以被科技替代?我認為不能。雖然我們未來無可避免地會成為一個「元宇宙人」,但這並不意味著我們會被「優化」掉身為一個「人」的基本情感,我們依然有著在這平凡樸素的社會生活中,與其他同類進行真實連結的內在需求。一方面,我們需要元宇宙的科技感;另一方面,我們也需要人世間的煙火氣。科技只能帶來更多樣的體驗經歷,但無法替代我們的現實感受,兩者只有相互融合,才能滿足我們更高層級的精神需求。

關於這個結論,網站上有一位 UP 主(上傳影片者)親身做過一次實驗,他曾經頭戴 VR 眼鏡連續生活了 5 天,並且把這段「模擬元宇宙」的心路歷程用影片記錄了下來。

在這段影像中,他剛開始感到非常興奮,在 VR 的世界裡打遊戲、看畫展、交新朋友,甚至還完成了一次登月之旅。可是,隨著他在 VR 世界裡生活的時間越來越長,越來越多的副作用也開始出現:他白天長時間放空,晚上卻開始失眠,總感覺自己喘不過氣,孤獨感也常在心頭。當他看到花園有一隻蝴蝶飛過的剎那,他突然開始想念外面的陽光。

5 天結束後,他摘下了 VR 眼鏡,望著鏡子前的自己,瞬間感到重獲新生。他立刻飛奔向最近的一個公園,張開雙

5　關於元宇宙的另一面

臂讓破曉的陽光灑滿他整個身體,在草坪上開心地滾來滾去。他感慨地說:「科技的發展總讓人覺得沒有什麼是不能被複製和模仿的,但就在此刻,我終於明白了,有些東西是永遠無可替代的。」

元宇宙的治理之「DAO」

正如我們前面討論的，在元宇宙時代，傳統的公司營運模式將走向衰落，社群經濟即將崛起。具體來說，在公司目標上，會從過去的股東價值最大化轉變為社群生態價值最大化；在利益分配上，也會從過去的股權決定分配，轉變為以個人貢獻為導向的價值分配新正規化。因此，傳統公司的營運模式即將變得「水土不服」，元宇宙時代正在召喚更好的價值分配和組織方式。

事實上，一個合理的營運模式對組織的長遠發展至關重要，而營運模式的全局設計——股權架構，也歷來受到各大公司的高度重視。此後，市場對創新型公司（未來的「元宇宙公司」）究竟應該採用什麼樣的股權制度展開了討論。

在一篇題為〈夢談之後路在何方——股權結構八問八答〉的文章中，作者表示：

創新型公司與傳統公司最大的不同，在於它獲得成功的關鍵不是靠資本、資產或政策，而是靠創辦人獨特的夢想和

5 關於元宇宙的另一面

遠見。以蘋果、facebook、Google 為例，是創辦人的偉大夢想和創意成就了創新型公司，也成為它們最重要的核心資產。並且，這類公司的創辦人在創業時都沒什麼錢，必須透過向天使投資人、創投、私募基金等融資來實現自己的夢想，這將使他們在公司中的股權不斷被稀釋；一旦公司上市，他們的股權將進一步下降，作為公司發展方向掌舵人的地位，將面臨威脅。在公司的長期利益和短期利益發生衝突時，他們甚至可能會被輕易地逐出董事會。但是，在一個好的制度設計下，它們並非不可調和。

　　文中後方提及「雙重股權結構」，它是什麼呢？它又被稱為 A、B 股，在這種股權結構中，股份通常被劃分為高、低兩種投票權。一般來說，高投票權的股票每股具有 2～10 票的投票權，主要由高階管理者持有；低投票權股票的投票權只占高投票權股票的 10%或 1%，有的甚至沒有投票權，由一般股東持有。

　　相對於普通公司的「同股同權」，A、B 股模式則是「同股不同權」，它的意義在於將公司的治理權和收益權進行拆分，這樣既能讓投資人和骨幹員工獲得公司的收益分配，又能不稀釋公司創始團隊和核心管理者對公司的控制權，避免出現像當初賈伯斯（Steve Jobs）被蘋果公司趕出董事會的鬧劇。

元宇宙是社群經濟的時代,「同股不同權」的模式必然會成為主流,因為隨著組織方式和價值分配模式的優化,我們必須採用能夠讓數字貢獻者更加積極、全面地參與到組織建設和治理的組織架構,讓數字貢獻者與組織成為共生關係。因此,組織應該形成一套高度透明、動態制衡、分配公平的營運模式,能夠將治理權和收益權盡可能公平地分配給組織中的數字貢獻者,形成一種互利雙贏的有機生態,而這必然無法用傳統「同股同權」的正規化來統籌。

因此,DAO治理模式應運而生。簡單地說,DAO是一種去中心化的自治組織,是基於區塊鏈技術的數位世界組織形態,它的特點在於,可以在共享規則下,以分權自治的形式完成自動化決策,並且與參與者的利益一致,因此可以共同實現組織目標。

具體來說,DAO有以下四個特點:

(1) 去中心化,自下而上

DAO與傳統公司治理模式的差別在於,它並不透過法律或合約組織在一起,而是由不同的使用者,甚至是人工智慧組成。如果說區塊鏈技術保障了程式碼的嚴肅性,甚至意味著「程式碼即法律」,而DAO則保障了數據世界的遊戲規則制定權被牢牢握在每一位數位資產持有人手中,大家透過投

票的方式,參與決策和規則的制定,兩者結合起來,就形成了元宇宙世界的基石。

如果說傳統公司的治理是「中央集權,自上而下」,那麼,DAO 治理模式則一定是「各自為政,自下而上」。這樣的事前約束模式,也可以降低大家的信任門檻,即使是素不相識的跨國使用者,仍然可以在低信任度的情況下形成合作。

(2) 邊界消失,參與感強

DAO 的參與者一般是數位資產持有人,大家既能夠透過參與專案獲得報酬,還能夠共享組織發展利益,消除參與者與開發者、所有者的身分邊界,可以進一步強化大家的參與感和主角精神,從而更能為一致的組織發展目標達成共識。

(3) 資訊透明,激勵競爭

相較於公司,DAO 的資訊完全透明,任何使用者都可以獲得組織的全部資訊,可以最大限度地激勵組織內部進行良性的競爭。在 DAO 機制下,參與者的能力越強,發揮的作用也越大,形成的社群聲望也越高,有助於形成競爭向上的良性循環。

(4) 自由開放,隨時進退

DAO 是自由開放的,使用者既可以隨時進入和退出,還可以同時為多個 DAO 工作。這樣的機制保障 DAO 間的資源流動和訊息溝通更加有效率和頻繁。這樣的自由機制可以讓不適合某 DAO 的使用者自願隨時退出,不會出現身分連結和利益裹挾的情況,也能夠讓有興趣的新使用者隨時參與進來。長此以往,DAO 內聚集的都是盟友,大家的思想可以長期保持一致,從而進一步提升 DAO 組織運轉的效率和效果。

那麼,DAO 有哪些具體的應用?事實上,比特幣就是一種最簡單的 DAO,為什麼這樣說?

首先,比特幣的參與者並沒有公司組織,都是在規則下,透過代幣形成共同的利益,邁向同一個目標,實現了極致的去中心化。

其次,比特幣 DAO 非常自由,完全開放,任何人都能隨時成為其中的一個節點並貢獻算力保障網路安全,這種為比特幣 DAO 做貢獻的行為,可以獲得挖礦獎勵。從本質上來說,比特幣是一個透過協定相互協調的組織,只有符合要求的交易會被其他節點接收,不符合要求的區塊會被其他節點拒絕記錄上鏈。

最後,比特幣是一個完全開放且開源的專案,任何人都

5　關於元宇宙的另一面

可以參與建設，也可以開發相關應用。目前，比特幣核心錢包（Bitcoin Core）是比特幣開發活動中最活躍、產量最高的專案，由它的開發團隊和數百名世界各地的志工一起營運。該專案對所有人開放，任何人都可以對社群發展提出建議，如果建議受到重視，則會被落實成程式碼並發起投票，如果投票獲得最近 2016 個區塊中 90％以上的支持，就可以得到實施。

與比特幣類似的還有以太坊，但後者在功能上更進了一步，加入了智慧型合約的應用，可以被認為是普通 DAO 的更新版。具體來說，比特幣認證的是相對單一的交易行為，而以太坊增加的智慧型合約可以讓以太坊礦工在挖礦確定記帳權的同時，再透過執行智慧型合約將結果同步至全網。

這樣的模式大大強化了以太坊的協調能力，讓我們進入了一個透過網際網路就可以在全球進行規模化組織的時代。事實上，以太坊的機制和功能已經強大到允許所有擁有共同價值觀和目標的陌生人走在一起，不管他們來自哪個國家的哪個角落，大家都可以在一個共同的目標下被組織起來，齊心協力引導世界朝著他們未來的願景前進。

而以太坊智慧型合約的可拓展性又決定了 DAO 的多樣性。目前，我們可以把智慧型合約平臺的 DAO 應用分成七

大類,具體為:協定型 DAO、投資型 DAO、捐贈型 DAO、服務型 DAO、媒體型 DAO、社交型 DAO 和收藏型 DAO。

(1) 協定型 DAO

協定型 DAO 透過發行專案通證,將權力從核心團隊轉移到社群手中。這種專案通證不僅只代表治理權,還擁有專案的分紅,並透過對通證發行、流轉等機制的設計,對參與者進行激勵,為專案的啟動、發展提供了更靈活的思路和工具。

(2) 投資型 DAO

投資型 DAO 是為了為社群帶來投資收益的回報,操作方式為:籌集參與者的資本── 篩選投資管道 ── 共同決定投資決策 ── 分配投資報酬。

(3) 捐贈型 DAO

這是一種最早出現的 DAO,它是透過治理提議的方式,共同決定如何運用資金,目的是為了社群發展而非獲得專案回報,這是它與投資型 DAO 最大的不同。

(4) 服務型 DAO

服務型 DAO 的目標是幫助人們在開放的區塊鏈專案上找到適合自己的工作。這是一種探索未來的工作模式,也

5 關於元宇宙的另一面

是一種加密世界的就業形態，就像「Axie Infinity」遊戲中的 YGG 公會，它的目標就是組織人們為區塊鏈專案工作。

（5）媒體型 DAO

媒體型 DAO 是一個開放的媒體創作社群，任何人都可以參與創作，且享受關於內容製作的激勵計畫。以媒體社群 Bankless DAO 為例，任何人都可以透過 Discord（一款社交軟體）加入 Bankless DAO 的伺服器，並且可以瀏覽絕大部分資料和歷史文件。只要你持有一定數量的 BANK 通證，就可以成為會員，參與合作和會議。Bankless 在社交工具 Discord 上的成員大約有 8,000 人，已經形成了寫作、財務、翻譯、研究、營運、市場、法律、教育、設計、商務、開發、影片、數據分析等 13 個公會，成員的所有工作都透過網際網路合作完成。比如：任何人都可以隨時參與在 Discord 中的討論，備忘事項放入資訊欄，由大家共同維護和追蹤，所有的工作文件和會議紀要都會向全社群公開。

（6）社交型 DAO

社交型 DAO 聚焦於建立多元化連結的網路社群，社群成員共同參與社群規則的制定，並且從利益關係上進行連結。

FWB（Friend with Benefit，中文為有價值的朋友）是一

個社交型 DAO，它既是一個私人專屬的 Discord 伺服器，也是一個社交俱樂部，目前已有幾千位會員，會員加入不僅有嚴格的身分稽核，還要購買接近 1 萬美元的代幣作為「會費」。會員共同擁有 FWB 俱樂部，他們可以參與俱樂部日常的營運和決策，也會經常舉行實體的會員交流活動。

(7) 收藏型 DAO

收藏型 DAO 專注於收藏具有長期價值的 NFT 數位藝術品，且是一種貫穿於藝術家、愛好者、平臺、作品之間的黏著劑。目前的收藏型 DAO 包括 WhaleDAO、MeetbitsDAO、PleasrDAO 等。在收藏之外，收藏型 DAO 也會孵化有潛力的新銳 NFT 藝術家，並透過建立愛好者交流討論的平臺，擴大 NFT 數位藝術品的影響力，從而降低 NFT 投資的認知門檻。

透過前面的內容，我們可以看到，DAO 是一種新型的社群組織治理方式。在模式上，DAO 脫離了對人工的依賴，透過智慧型合約來進行社群環境的監督、決策和運轉。同時，DAO 具有的去中心化、通證化、自主性、自治性、公開與透明等特點，也進一步保證了社群自治的方案能夠被有效達成。

而未來的元宇宙也必然像網際網路一樣，成為下一代開放式網路，它不屬於某一家公司，甚至不屬於某一個國家。

5 關於元宇宙的另一面

我們建構元宇宙的過程，也將不可避免地依靠物聯網採集數據、智慧型合約做出裁決、虛擬遊戲進行社交等，這必然需要面臨一系列真正意義上的數位世界治理問題。

2021年，在「元宇宙未來治理前瞻」的主題論壇上，多位專家發表了看法。

一位科學技術哲學研究室主任認為，元宇宙的監管和治理是一個多方面整合的技術體系，因此，對元宇宙的治理應有前瞻性的考量，不應急於發表一套標準化的制度體系，而應強調在自我意識基礎上的自主管理和自我控制。同時，促進人的可持續性、社會的可持續性（如團結與溝通）、自然的可持續性，應成為元宇宙治理的基本價值訴求。

某大學新聞學院新媒體研究中心執行主任則認為，元宇宙未來面臨諸多風險，如虛擬人的歸屬問題，虛擬人的責任困境，人機互動下個人認知異化和行為異化等。未來元宇宙治理需建立在充分調查、研究的基礎上，經過多元主體的社會討論，實現發展與治理的平衡，避免一刀切式的治理框架。要在發展過程中發現問題、分析問題、解決問題，實現精準化的動態治理。

微軟CTO認為，虛擬空間與真實空間都需要治理，但什麼是好的治理，目前仍沒有明確的答案，需要人類社會一起

元宇宙的治理之「DAO」

達成共識。在數位社會發展過程中，數位鴻溝是一個很大的挑戰。

那麼，元宇宙到底應該如何治理？DAO 的答案是將治理權交給社群，也就是交給數位資產持有人，交給每一位參與者。

事實上，無論是比特幣還是以太坊，它們被認定為可靠，且在世界範圍內得到快速發展的核心原因，並不僅僅是因為區塊鏈技術實現了「程式碼即法律」，還離不開 DAO 代表的使用者自治權。DAO 讓使用者知道，這套關於數位資產的遊戲規則不會被隨意變更，規則變更的權力完全屬於社群，屬於每一個數位資產持有人，而使用者自己也是其中的一部分。

正因為 DAO 的公平治理權保障了數位資產的產權，才讓大家相信自己的鏈上資產能夠得到保障。這樣的信任感是如此重要，即使大部分使用者並不會真的參與治理，但只有讓他們確認自己手中掌握著能與開發者制衡的治理權，且這種治理權能保證自己的數位資產不會被別人透過任意修改規則而剝削，數位產權的存在才能夠被相信。所以，數位資產成立的條件不僅僅是可信帳簿數據庫等技術層面的保障，更重要的還有可信任的遊戲規則和社群共治的治理精神。

5 關於元宇宙的另一面

因此，我們可以合理預見，DAO 一定會成為未來元宇宙時代主要的治理模式。

冰山之下：元宇宙的另一面

元宇宙作為現實世界的平行層，「元宇宙人」也是現實世界真實人物的虛擬化身，不會僅有美好的一面，現實世界存在的問題，也必然在元宇宙的世界裡出現，甚至可能多倍放大其危害效果。下文從人身安全、財產安全、心理健康、投資風險和數據風險五方面入手，為大家提前預警元宇宙冰山之下可能存在的另一面。

1. 人身安全

「藍鯨」遊戲是一款惡名昭彰的教唆死亡遊戲，它可能在成年人眼中「荒誕愚蠢」，但卻能讓許多不諳世事的青少年沉浸其中不可自拔，甚至因此結束生命。

「藍鯨」遊戲的參與者多為 10～17 歲的青少年，他們會被配置給一名「老師」，進群後，每天都要跟著這位「老師」做任務，包括凌晨 4：20 起床看恐怖片，靜脈切割，半夜爬

5 關於元宇宙的另一面

到屋頂，用剃刀在手上雕鯨魚等。當病態的遊戲進行到第 50 天，幕後「老師」就會命令玩家自殺。

根據心理學家湯瑪斯‧喬伊納（Thomas Joiner）的自殺人際關係理論，一個人要實施自殺行為，需要同時具備以下三要素：受挫的歸屬感、覺知到的累贅感和習得的自殺能力。而「藍鯨」遊戲的設計則「完美」契合這三個要素：它用訊息控制、行為干預、人格摧毀等洗腦方式，讓人陷入習得性無助，同時消滅參與者的個體感，讓他們把自己當成團體中的角色，且只會做這個角色理應做的事情，再透過循序漸進的自傷，來磨練自殺的膽量和習得自殺的技能。

事實上，很多青少年在參與了「藍鯨」遊戲後也想退出，但遭到管理員威脅，說已經透過 IP 位址鎖定了自己和家人，一旦退出就會遭到報復。雖然英國《每日鏡報》（*Daily Mirror*）稱，並沒有證據顯示有人真的在現實中因未將遊戲進行下去而遭報復，但管理員的威脅仍然讓很多孩子走上了絕路。

所以，我們也要思考，在元宇宙這個更加沉浸的網路環境下，如何讓青少年遠離這些邪惡的遊戲？發達的技術只會提高發展的效率，但卻不會改變問題的本質。甚至，如果不對已有的問題加以有效控制，日益完美的技術條件反而會助

長犯罪的肆虐,造成更廣泛的影響和更不可控的後果,而這些都是我們需要深思的問題。

2. 財產安全

在前面的內容裡,我們說按照現行的行業慣例和法律法規,虛擬資產(比如遊戲道具等)存在著產權不明,以及由此衍生的資產毀損滅失難以追責的問題,但事實上,虛擬財產存在的風險還遠遠不止於此。

2005 年 4 月 18 日是一個注定要被載入網路遊戲史冊的日子。這一天,《星戰前夜》(EVE Online)遊戲中一個叫 GHSC 的組織,上演了一場史無前例的「無間道」,成功地「謀殺」了遊戲裡最富有軍團的領袖 M,讓對方造成直接經濟損失高達 1.65 萬美元。這場「謀殺」策劃時間之長、布局之縝密、手段之凶狠,令人震撼,引發了大家對虛擬犯罪的思考。

事情的經過是這樣的:

2005 年 4 月 18 日清晨,M 駕駛著一艘災難級海軍型戰艦正準備穿越星門,為她護航的是由她最信任的副手 AX 駕駛的另外一艘更為強大的災難級帝國型戰艦。

5　關於元宇宙的另一面

　　在大多數情況下，穿越星門是一件冒險的事情，因為可能會遇到「星門痴漢」（打劫者），但是 M 並不擔心，因為災難級戰艦是當時《星戰前夜》中最為強大和昂貴的戰艦，兩艘災難級戰艦足以讓打劫者們望風而逃。

　　而當 M 穿越星門後，卻意外發現了一支數量可觀的艦隊已經等候多時，他們正是 GHSC 的殺手。M 感到大事不妙，計劃趕快逃跑，可是萬萬沒想到，她最信任的副手 AX 卻在這一刻，把炮口對準了她自己。原來，AX 其實是 GHSC 安插在她身邊的一名高級間諜。事實上，在過去一年裡，GHSC 已經在 M 身邊安插了多名高級間諜，他們曾經相處得「親密無間」，獲得了 M 及軍團成員們超乎尋常的信任。

　　最後，GHSC 不僅摧毀了 M 價值連城的戰艦，搶劫了每個軍團成員的財產，還擊毀了逃生艙，這是一種非常不道德的行為，這意味著就算 M 復活，她曾經花大量時間習得的技能也將歸零。這次襲擊事件讓 M 的直接經濟損失高達 1.65 萬美元，時間和精神損失尚無法計算。此事對 M 的打擊巨大，M 從此一蹶不振，許多該軍團的成員也因此永遠離開了遊戲。

　　事後，該事件的策畫者、GHSC 的頭目，在遊戲官方論壇中發文詳細炫耀了自己的所作所為，且稱為了實現這場「勝利」，他們曾經做出相當長時間的準備和努力，這激起了

許多玩家的強烈抨擊。有玩家認為,這是一起違反公序良俗和現實法律的詐騙行為,在整個事件中,AX 和其他間諜們表現出的冷血和殘忍同樣令人震驚。

但是,對於這樣的結局,遊戲官方並沒有採取任何措施,既沒有展開調查,也沒有懲罰 GHSC。因為,雖然這起事件如此震撼和殘酷,足以激起我們對人性以及網路犯罪的思考,並且帶給「受害者」真實且不菲的經濟損失,但按照遊戲的規則,這一切都是合法的。

我們在前面說過,在元宇宙的世界裡,遊戲雖然是虛擬的,但玩家卻是真實的,對人造成的心靈震撼以及金錢損失也是真實的。那麼,當我們發展到了虛擬和現實融為一體的境界,若發生前面這種合法但殘酷的事件,我們該如何看待?如果遊戲裡被傷害的玩家是一位未成年人,他遭受的傷害是否會加劇?是否會影響到他的現實成長?我們應該如何應對遊戲裡的衝突、背叛、爾虞我詐帶來的信任衝擊?

3. 心理健康

目前,青少年網路成癮的現象逐年攀升。而哪些人會被界定為網路成癮者呢?我們的標準是從心理方面界定的,滿

5 關於元宇宙的另一面

足網路成癮的前提條件、必要條件是：對生活和課業造成了不良影響。並且，調查顯示，青少年主要是對「網路遊戲」成癮，其次是「網路關係」成癮。也就是說，網路成癮的青少年，上網的最主要目的，是從網路遊戲中獲得遊戲的快感，其次是透過網路交友拓展自己的社交圈。

在元宇宙的世界裡，現實和虛擬幾乎無法區分，我們似乎隨時隨地都在「遊戲」的狀態，青少年網路成癮的情況可能會更加嚴重。如果我們沒有從家庭教育、社會關懷等角度來關注青少年的心靈成長，那元宇宙這種沉浸式環境更容易讓人產生迷失感，甚至誘發犯罪，影響青少年的健康成長。

4. 投資風險

元宇宙投資價值幾何？真正的概念股有哪些？具體業務開展到什麼程度？什麼時候適合入場？目前價格是高估還是低估？這些最基本的問題，很少有人能說清楚。

事實上，資本「無利不起早」，如此多重量級的大廠布局元宇宙，它一定不只是個噱頭，它也的確可能是一個千載難逢的投資機會。根據普華永道（PwC）預計，元宇宙市場規模在 2030 年將達到 1.5 兆美元。

但是，我們既要仰望星空，也要腳踏實地。目前真實的情況是，當前元宇宙產業整體上還處於非常早期的階段，如果我們從算力、網路技術、擴展應用等現狀來看，至少還需要 10～20 年的發展時間。證券業者的相關報告也指出，從目前虛擬實境技術的發展來看，與元宇宙虛擬世界和現實世界相融合的願景，仍然相距甚遠，當前時間點很難給出元宇宙的短期受益投資標的。

元宇宙雖然是一個充滿誘惑的美麗願景，但站在投資的角度，願景也是遠景，建議大家謹慎投資。

5. 數據風險

《人類簡史》（*Sapiens: A Brief History of Humankind*）的作者尤瓦爾・赫拉利（Yuval Harari）曾說：「我們已經淪為數據大廠的商品，而非使用者。」事實上，他的擔憂並非沒有道理。

2018 年，facebook 被爆出洩漏使用者數據的醜聞。據報導，其平臺上有超過 5,000 萬使用者的數據被侵入和利用，洩漏的數據最終被英國的一家名為「劍橋分析」（Cambridge Analytica）的數據分析公司用來分析使用者多方面的特點，

5 關於元宇宙的另一面

且有針對性地推送資訊,以達到不同的目的。

與普通的駭客竊取資料事件不同的是,這次資料洩漏是透過 facebook 上的第三方測試應用,在使用者許可的條件下,獲取使用者及其好友的數據,並少見地用於對使用者資料進行深入分析,以實現針對性推送廣告的商業應用。這意味著,作為全球社群媒體應用龍頭的 facebook,在保護使用者隱私方面,存在顯著的缺陷。

2021 年 4 月,facebook 再次被捲入數據洩漏的漩渦。據「商業內幕」網站(Business Insider)報導,安全研究員發現 facebook 的使用者數據出現在一個駭客論壇裡,涉及 106 個國家和地區超過 5.33 億使用者,數據內容包括電話號碼、生日、信箱地址、住址及其他個人數據等。

其實,在網際網路發展的早期,數據被洩漏或濫用的問題可以說是屢見不鮮,甚至一些使用者數量龐大的網路大廠,會預設使用者想要享受便利、免費的網際網路服務,就應該無償貢獻自身的數據。在這樣的「潛規則」下,使用者數據常常會被 App 過度索取。現在,隨著網路的發展越發成熟,這些不合理現象也引起了監管部門的重視。

為什麼要對個人數據如此保護?這是因為,雖然大數據分析技術是無害的,但當它被惡意利用的時候,可能會對社

會造成危害。另外,隨著使用者資料洩漏事件的頻繁發生,讓使用者對個人敏感數據的保護意識也更加重視。對企業而言,未來想要獲取使用者的數據,將變得更加困難。從這個角度來說,前述數據洩漏事件雖然會在短期內對大數據產業產生一定的影響,但長期來看,也將促成大數據使用的規範化和制度化,反而更有利於大數據產業的長期發展。畢竟,在元宇宙時代,數據就是最重要的資產。

5　關於元宇宙的另一面

6
元宇宙帶來了哪些啟發

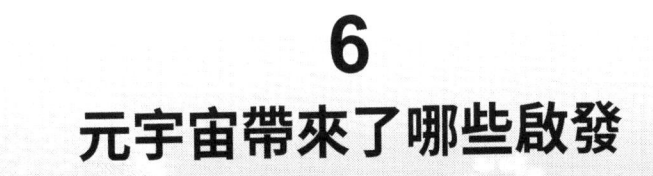

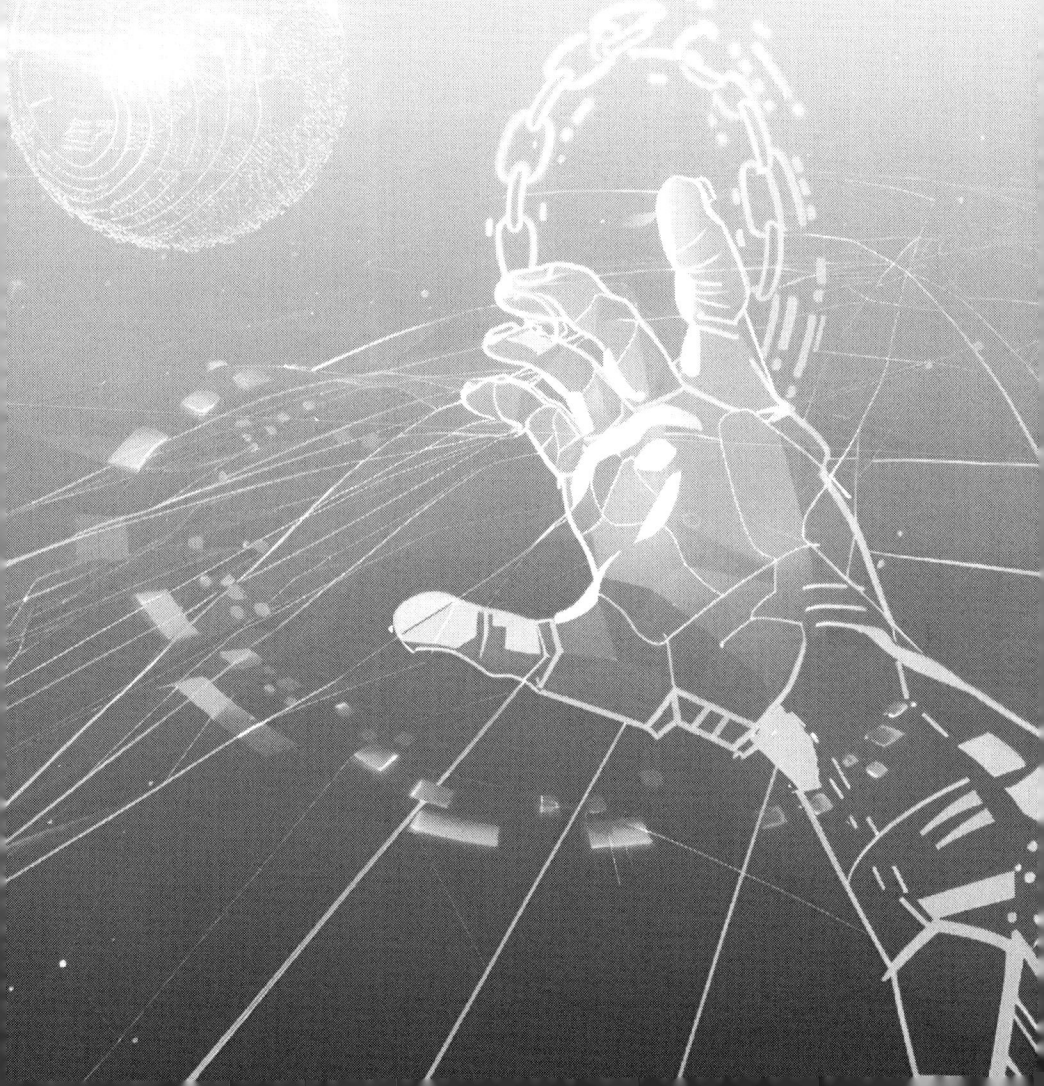

6 元宇宙帶來了哪些啟發

關於元宇宙的投資機會

金融是一切產業的催化劑,元宇宙概念正如火如荼,敏銳的資本當然不會放過機會,都在爭相將有投資潛力的標的收入囊中。

站在投資的角度,雖然我們可以合理判斷,未來元宇宙必將深刻改變現有的生活形態,但從目前的情況來看,元宇宙的發展尚處於極早期,還面臨著巨大的挑戰。再加上隨著元宇宙概念的興起,市場誕生了巨大的利益和機會,也讓大量投機、跟風的人加入這股浪潮。元宇宙到底是人類的機遇,還是割韭菜的鐮刀?

事實上,如果我們想要掌握元宇宙的投資機會,修得一雙慧眼是非常重要的事情,它能讓我們一眼看出哪些企業是真正在做元宇宙相關產業業務,並已獲得一些成績,是「真」元宇宙企業;而哪些企業純粹是借用別人的名義或聲望,靠元宇宙概念來自抬身價。

具體來說,我認為站在投資的角度,有三個方面值得關

注，它們分別是：(1) 遊戲；(2) 雲端遊戲；(3) VR 硬體製造及軟體應用。

為什麼這樣說？我們在前面的內容裡說過，遊戲作為一種超級數位場景，很可能會成為實現元宇宙的最早期形態，甚至可能創造出「殺手級」的應用場景。它的發展邏輯在於，因為遊戲天然的參與特性，會先吸引大量玩家進入嘗試，在具備了基礎的使用者量、遊戲市場初步成立之後，再發展遊戲背後的技術支援和法律規範。相應地，隨著問題的不斷優化、改善，玩家可以在享受更高品質遊戲體驗的同時，獲得相匹配的金錢收益，從而快速擴大玩家數量，豐富元宇宙生態，進一步推動元宇宙的技術創新，進入互為因果、疊加向上的正循環。

在一篇名為〈元宇宙如何改寫人類社會生活〉的文章中顯示，元宇宙落地的第一個場景是遊戲和社交的結合，有可能會誕生出下一代的短影音媒體或通訊社交軟體。現在的社交平臺是 2D 社交，傳遞的多是圖文訊息，但我們平時和朋友一起出去玩，無論吃飯、看電影還是看演唱會，除了內容本身，更是一種社交互動。特別是在疫情之下，隔離使實體互動變得困難，虛擬化的社交平臺就有了很強的使用者需求。

除了遊戲之外，雲端遊戲也是值得關注的投資領域，它

6　元宇宙帶來了哪些啟發

們可以與遊戲等業務場景相結合,從而更能提升整體價值。同時,VR 硬體製造及軟體應用也是不容忽視的投資領域,比如儲備有 VR、AR、MR 技術或元宇宙概念產品的公司,或者是拿下了 VR 硬體大廠獨家代工許可權的公司,都是值得關注的重點。

對於元宇宙的前景,〈元宇宙如何改寫人類社會生活〉中有一句精彩的闡述:「(我們應該)理性看待元宇宙帶來的新一輪技術革命和對社會的影響,不低估 5～10 年的機會,也不高估 1～2 年的演進變化。」對元宇宙的投資機會也是同理,我們可能無法掌握短期的波動,但卻可以跟上長期的趨勢,用時間和耐心來換取確定的價值空間,這才是正確的投資之道。

元宇宙時代，傳統企業如何乘風而起

近些年來，數位化更新越來越全面地覆蓋我們的生產和生活，以網際網路企業為先驅，再延伸到製造、醫療、交通、能源等行業，將不同的行業打通，編織成覆蓋人類生活的大數據網路。

根據報導，當疫情之下的大量餐飲企業遭遇生存危機時，網際網路平臺更新數位化服務，幫助企業「周轉」，支付平臺也將線上使用者流量和消費需求引流至實體商店，刺激城市復甦。一些縣市透過 App 向市民發送消費券，以刺激消費。

所以，在這個由網際網路進一步向數據為王更新的時代，如果企業忽視數位化更新，就等於生存在蠻荒時代、與世隔絕，必然會吞食策略落後的苦果。這樣的故事早有先例：1975 年，當時的膠片大王柯達（Kodak）就開發出了世界上第一臺數位相機，但是因為當時柯達膠片業務已經占據市場 80％的市占率，可謂占據了絕對強勢的地位，不忍心放棄既

得利益,因此選擇性忽略了即將到來的數位相機浪潮。

而後面的故事大家已耳熟能詳,面對洶湧而不可逆的數位化變革,昔日的膠片大王無力應對。到了 2012 年,柯達申請了破產保護,雖然日後再次重組上市,但已經沒有了往日雄風,再也無法恢復昔日的光榮。

而現今,就如同當初數位相機嶄露頭角的時間點,我們也已經全面進入了數位經濟的時代,從電商購物到支付系統買單,再到遠端辦公,再到區塊鏈組織的全球去中心化合作……數位技術及數位經濟已深刻融入我們的生活,不僅影響、重塑生活方式,還成為走出疫情負面影響、重建成長引擎的核心動力之一。

也就是說,當一些傳統企業還在思考「是否需要擁抱數位化」、「網際網路是否是個偽命題」時,網路購物、線上教育、線上問診等領域的使用者數量,卻在短期內大幅增加,直接刺激了相關企業及配套設施的發展,把固陳守舊、過度依賴實體場景、對網路業務毫無準備的傳統企業,打個措手不及,令其直接在競爭中居於下風,因此經營停滯、資金斷裂、負債增加,甚至宣布破產的企業不在少數。

曾有學者表示,後疫情時代,不確定性將成為所有經營者面臨的新常態。對企業而言,在未知的黑天鵝到來前,變

革商業模式已是必然之舉,而數位化轉型是必然選項。那麼,對於不同的行業和企業,如何在現有商業模式的基礎上進行數位化變革呢?我們用「區塊鏈咖啡」專案拋磚引玉,幫助大家進行更深的探索和思考。

〈區塊鏈咖啡:關於區塊鏈落地的探索之路〉中有一個故事:

一家創業公司找宏都拉斯地區的咖啡種植者奧斯卡·拉米雷斯,幫他發行了專屬的咖啡代幣 CAFE,一共發行 200 個代幣,代表奧斯卡·拉米雷斯生產的 200 磅咖啡。如果你購買了一個 CAFE 代幣,就相當於獲得了 1 磅咖啡的贖回權。

也就是說,CAFE 代幣並非憑空而生,它的背後對應著「1 個代幣 =1 磅咖啡」的實物交付權益。而且,為了保證交付的可執行性,在生成 CAFE 代幣時,每個代幣還需要提供相當於當前咖啡商品價格 150% 的資產作為抵押,這些資產一般由咖啡豆和 Dai(一種以太坊區塊鏈上的去中心化的穩定幣)組成。

在完成之後,CAFE 代幣可以在 Uniswap(以太坊上的一家去中心化的加密貨幣交易所)上交易,因為有足額的抵押作為擔保,同時背後有實物支撐,為代幣提供了信用背書和流動性。這些 CAFE 代幣會被存放在咖啡種植者的錢包,持

6 元宇宙帶來了哪些啟發

有 CAFE 代幣的使用者，可以選擇在 Uniswap 上交易代幣，或者兌換回實物咖啡。

在這裡，Uniswap 是一個基於以太坊的代幣交換協定，與傳統訂單式的去中心化交易協定不同，Uniswap 的交易邏輯是基於兌換池，也就是一個資金池，使用者在 Uniswap 中交易的價格，由資金池中的代幣比例和演算法來決定，是一種「人──機」交易模式，而非「人──人」交易。

簡單來說，我們可以把 Uniswap 理解為一個類似「銀行櫃檯」的地方，目前支援約 150 種代幣的「幣幣交易」。我們可以把自己的代幣隨時「賣」給「銀行」，也可以隨時從「銀行」把代幣「買」回來，不需要尋找特定的「人」當交易對手，所以效率非常高。

而在 Uniswap 上交易，也意味著 CAFE 的價格是隨著需求的變化而動態變化的，如果購買需求增加，那麼 CAFE 價格就會提升，反之則會降低。因此，在鏈上交易的 CAFE 不僅可以兌換成實物咖啡，同時，它還具有金融屬性──可以透過不斷交易獲得買賣差價。

對咖啡種植者而言，「區塊鏈咖啡」最大的好處是解決了資金流動性的問題，因為它的本質是實現了咖啡的代幣化，而出售代幣就等於預售了咖啡，種植者們可以不再需要依靠

高息貸款來進行周轉，擺脫「越工作越貧困」的惡性循環。除此之外，預售模式還能讓種植者們有資金投入對咖啡豆的再加工，不用再被迫低價出售咖啡原豆，從而可以進一步增加獲利的空間。

對消費者而言，該模式因為直接連通到咖啡種植者，除去了可能賺差價的中間環節，因此，消費者可以用更低的價格買到原產地的優質咖啡，既保證了品質，還得到了實惠。

另外，對幫助咖啡種植者發行代幣的這家創業公司而言，它的最終目的是透過將咖啡代幣化，不斷提升當前動態定價的咖啡銷售模式，在最終實現標準化之後，再進行大規模販售，等於建構了一所去中心化的咖啡商品交易所。

「區塊鏈咖啡」專案是實體商品區塊鏈化的一種探索性嘗試，如果模式探索成熟，可以實現生產者、消費者和創業者三者的雙贏。當然，在實際操作中，該模式從邏輯到落地都談不上完美，還有許多急待探討的問題和亟需解決的困境。但是，總而言之，這是一次非常有意義的嘗試，也為實體產業向數位化方向的更新提供了思路。

我們可以合理地預測，當元宇宙時代真的來臨，特別是隨著虛擬世界與現實世界逐漸打通，一定會在相當程度上顛覆人們對傳統產業的認知，一部分無法轉型的企業，會被淘汰出歷

6 元宇宙帶來了哪些啟發

史舞臺,另一部分會「枯木回春」或「如虎添翼」。因為,在更高階技術和更廣大市場的持續激勵下,能夠完成「產業＋網際網路」企業的生命力,將得到進一步釋放,從此真正步入發展的快車道,成為一個在新環境中如魚得水的「新物種」。

但是,比打造「新物種」更重要的,是要擁有「新物種思維」,要知道,元宇宙經濟是數位與實體深度融合的經濟形態,這也意味著,所有的實體產業都值得在元宇宙中重新做一次。因此,我們只有深刻理解了元宇宙時代的產業邏輯,比如從參與感、沉浸感、去中心化、數位化等方面去思考,才能掌握住元宇宙時代真正爆發的機會。

要注意的是,我們在追求「元宇宙化」的過程中,一定要保持清醒,擦亮眼睛,既不要越過監管的「紅線」,也要避免上當受騙。事實上,一些「元宇宙專案」僅僅是打著「創新」的名號做「割韭菜」的勾當,比如私自發行毫無價值支撐的虛擬貨幣並進行交易炒作,這就已經涉嫌詐騙、非法集資、非法發行證券等違法犯罪活動了,應該受到法律的制裁。

綜上所述,不管是企業還是個人,我們都應該一邊擁抱元宇宙,準備在時代的趨勢中乘風而起;一邊也要擦亮眼睛,警惕打著元宇宙旗號的魑魅魍魎,特別是需要遠離一切非法金融活動,警惕掉入不法者精心準備的陷阱。

元宇宙時代的職業新機會

　　1999 年，韓國有一個叫 sayclub.com 的社群網站，開發出一個叫「阿凡達」的功能，使用者可以根據自己的喜好，更換虛擬角色的造型，如髮型、表情、服飾和場景等，而這些「商品」需要付費購買。這個服務推出後，很受韓國年輕人的歡迎。

　　有數據顯示，2001 年，在 sayclub.com 上購買虛擬道具的付費使用者達到 150 萬人，盈利非常可觀。並且，在 sayclub.com 的流行引領下，當時韓國排名前五的聊天和社群媒體網站都已經「阿凡達化」，網路化身被廣泛應用在聊天室、BBS、手機、E-mail、虛擬社群等網路服務裡。

　　如果說網路化身的興起開啟了我們對網路虛擬形象的需求，那麼，元宇宙世界裡月入數十萬元的「虛擬頭像創作者」則更進一步，成為一種真實且有生命力的新職業。事實上，元宇宙作為一個與現實世界平行的存在，強調沉浸式和體驗感，人類在其中的化身也必須以虛擬形象存在，因此，「顏值

6　元宇宙帶來了哪些啟發

經濟」自然被引入進網路世界。

事實上，虛擬頭像創作者只是元宇宙世界裡新生職業的一個縮影，某證券區塊鏈研究院院長曾表示，未來可能每個公司都會在元宇宙裡扮演一個角色，做一項業務，提供各式各樣多元化的服務。這裡的服務不僅有公司，也包括個人。因為，一個開放的系統必然會為所有個體提供進入的機會，就像元宇宙第一股 Roblox 允許使用者自己設計遊戲和物品並從中獲益一樣，每一輪科技的進步和新業態的出現，都會為創作者經濟帶來新的動力，這也可以被視為是元宇宙的重要代表之一。

事實上，我們對未來職業的選擇，一方面來自主動擁抱，另一方面來自被動接受。此前，一份向大學生發起的問卷調查顯示，其中 64.3% 的人有從事新興行業的想法。並且，不只是對新興職業接受度高，更多年輕人也越來越願意在主業之外嘗試副業，有 81.7% 的受訪大學生感受到身邊做副業的年輕人變多了，72% 的受訪大學生則認為開展副業有機會嘗試更多的可能性。

根據調查，在「Z 世代」（1995～2009 年出生的新時代人）眼中，新興職業發展的意義在於豐富職業類型、創造更多就業職位（84.67%）、滿足社會日益成長的多元化需求

（83.77%）、滿足年輕人對興趣的最大化追求（73.11%），是一種值得擁抱的新的人生可能性。

2021年，一份「年輕人新職業指南」裡介紹了許多「不務正業」卻被年輕人青睞的新職業，比如球鞋鑑定師、整理收納師、職業買手、剝蝦師、職業coser、華服設計師⋯⋯等等。

與之形成鮮明對比的是，不少傳統職位在網際網路發展中遭到強烈衝擊，比如「財務機器人」的問世，代替了財務流程中全部的手動操作，其精準度和效率都遠遠高於人工作業：機器人1分鐘的工作量大約相當於人工15分鐘，效率最高時，機器人一天可以做完40多人的工作。機器人還可以365天、24小時不間斷地工作，從不「抱怨」，從不「犯錯」，從不「請假」。

對企業而言，機器人無疑在節省大量人力的同時，還提高了工作效率和效果，但是對財務從業者而言，這無疑是一場「飛來橫禍」。原本只需要和同行們競爭工作的財務從業者，現在還要面對強大的機器人對手，如果自己只能勝任基礎的事務性工作，根本沒有留下的可能。有行業專家也表示：「我們預計到2025年，基礎財務都會被機器人替代。」

因此，在網際網路技術日益發達的時代，人才的標準要

6 元宇宙帶來了哪些啟發

被重新定義。在未來,機器人處理基礎業務、人工設計、複核的人機互動模式,將成為職業新常態,每個人不僅需要與時俱進,不斷更新自己的知識結構,還需要強化自己的「創造」技能,探索無法被機器取代的新職業機會。

當然,凡事都有兩面,元宇宙作為極具生命力的新事物,本身就會源源不斷地創造新的就業機會。比如,一支「元宇宙施工隊」,他們現在主要的工作就是幫助在 The Sandbox、Decentraland 等元宇宙空間有土地的人設計並搭建虛擬房屋。

這支「施工隊」的負責人表示,團隊中負責建模的成員都是專業建築設計背景出身,一些傳統建築設計師也正在以兼職形式加入他們,因為新冠肺炎疫情的關係,一些傳統設計師的工作受阻,元宇宙專案相當於提供了一份兼職的機會。

除了房屋設計師外,團隊還會為這個地塊進行活動策劃、營運和宣傳等。負責人表示,如果在元宇宙只是買塊地、建個房子,但沒有人來,那它跟存在電腦裡冷冰冰的模型沒有差別。在房子之外,如果提供附帶的內容,像活動策劃這些,吸引人流,透過活動,就可以提升它的價值。與現實世界的都市計畫類似,元宇宙也分市區、郊區,不同地理位置和知名度的地塊,價格也不一樣。如果地塊附近的鄰居

是名人，這一片地塊的價格就會更高。

除了「元宇宙施工隊」之外，「元宇宙房地產」公司也已經誕生。據報導，Republic Realm 就是一家投資和開發虛擬房地產及其他數位資產的虛擬房地產公司，它以約 430 萬美元的價格購入了 The Sandbox 裡的一塊土地，這是迄今為止全球最貴的一筆虛擬土地交易。此前，這家公司還以約 243 萬美元的價格購買了 Decentraland 時尚區的一塊虛擬土地。

Republic Realm 的聯合創辦人約里歐表示，公司正試圖透過在多個不同的虛擬世界中購買土地、分散投資，「以降低風險」。據市場公開資訊顯示，目前，該公司在 19 個不同的元宇宙平臺上，擁有大約 2,500 塊數位土地。其中一部分土地正空置著等待增值，而另一部分，已著手進行開發。

有市場人士表示，跟現實「炒房」的方法類似，諸如 Republic Realm 這樣的公司，會將這些虛擬土地先空置著，等待元宇宙概念升溫，從而使這些土地增值。此外，這些投資公司也會花錢請建築師設計虛擬住宅或購物中心，然後聘請遊戲開發商來建造它們，開闢出許多生財之路。

據悉，Republic Realm 就聘請了設計師來設計虛擬住宅及購物中心，設計完成後，公司將付錢給遊戲開發商來建造它們。「然後我們就會收取租金，就像普通房東一樣。」約里

6 元宇宙帶來了哪些啟發

歐介紹道。此外,該公司還僱用了一名資產經理來處理租戶的投訴和各種要求。

除了公司炒房之外,個人玩家也開始參與元宇宙房地產投資。2021 年 11 月 23 日,歌手林俊傑在推特(Twitter,現已改為 X)上宣布,自己買了 DCL(Decentraland)平臺上的三塊虛擬土地,正式涉足元宇宙。此舉估算大約花了 12.3 萬美元。明星的投資行為還帶動了周邊地塊的升值,一位元宇宙玩家表示,如果是明星旁邊的土地,一定是更貴的,「美國饒舌歌手史努比狗狗(Snoop Dogg)旁邊的土地,最低都是 4.2 萬元起步。」

在藝術領域,元宇宙也誕生了新的職業需求。設計師們開始以虛擬方式展示他們的設計作品。2021 年 11 月,古馳(Gucci)舉辦了古馳盛宴迷你藝術節,展示了一系列來自新銳設計師的 15 部短片,這是一場使用最新虛擬實境捕捉技術打造的多平臺體驗。在過去一年裡,越來越多的新一代設計師開始頻繁與數位藝術家合作,希望利用新興技術幫助他們突破曾經的藝術邊界。

參與製作古馳盛宴的動畫師傑佛遜表示:「電子遊戲可以提供我認為傳統媒體有時無法達到的參與程度。這是關於創造一些既有趣又能傳情達意的東西,而電子遊戲是完美的

媒介,特別是對於時尚界而言。時尚是關於視覺的,影片遊戲也是如此。傳統的時裝秀當然是對品牌視覺形象的絕佳展示,但能夠以模特兒身分穿著系列中的作品參與遊戲,並與其一起探索虛擬世界,這尤其令人難忘。」

在這場跨界合作中,數位藝術家扮演了元宇宙形象設計師的角色。在未來,隨著人們元宇宙虛擬形象的普及,類似「虛擬頭像創作」等需求會更加突顯,一定會產生更多類似時尚設計師、服裝搭配師、服裝陪購師等新的職業機會。比如,在像 IMVU(一個基於 3D 虛擬形象的交友平臺,擁有數百萬使用者)這樣的社交主題元宇宙中,時尚設計師就可以引導客戶購買 NFT 形式的服裝,並提供穿搭建議。

另外,數位資產投資顧問也是一個有「錢」途的元宇宙職業。你可以將其想像為現實世界的財務顧問或理財規劃師,主要工作是幫助人們對元宇宙裡數位資產的投資提供建議,甚至提供虛擬世界和現實世界一體化的綜合理財顧問服務。在現實生活中,投資理財也是一個有較高門檻的專業領域,同理,一個專業的元宇宙資產顧問,也會對新興行業以及市場變化有更專業的理解,能夠為人們提供更好的投資建議,幫助人們獲得更高的投資報酬。比如前述斥資數千萬元投資元宇宙房地產的 Republic Realm 等投資者,他們在投資之前

6 元宇宙帶來了哪些啟發

一定經過周詳的考量和充分的研究，也一定參考了專業投資顧問的建議。

綜上所述，元宇宙生態已經誕生了諸如遊戲開發商、資產經理、建築設計師、NFT設計師、時尚設計師、數位資產投資顧問等新職業，其定義或許與現實世界有所不同，但因為市場需求和變現方式已經清晰，所以仍然是元宇宙「新人類」們值得探索和深耕的新方向。

可以預見的是，元宇宙時代是職業環境鉅變的時代，不管是企業還是個人，想要在元宇宙裡獲得先機，都應該從現在開始做好準備。在這些必備的職業技能中，我認為數位技能是非常關鍵的「元宇宙技能」之一，比如數據分析和程式設計等。

根據英國《金融時報》(*Financial Times*) 報導：「像許多金融企業一樣，美國銀行的數位業務也面臨數位業務技術人員短缺的問題。該銀行的應對方式是轉向內部，透過一所內部線上『大學』重新培訓員工。」無獨有偶，摩根大通（JPMorgan Chase & Co.）也已經開始要求其資產管理部門的所有員工，參加強制性程式設計課程。據報導，目前該集團的分析師和員工中，有三分之一已經接受過 Python 程式設計培訓，而數據科學和機器學習課程也在制定之中。

數位化轉型的加速和新興技術的啟動，提高了企業的生產效率，進而驅動產業效率更新，數據具備的天然融合能力，又進一步推動了產業的跨界融合，在該形勢下，企業對具備數位化技能的複合型人才需求量大幅增加。

在《一級玩家》裡有一句臺詞：「這裡是綠洲，這裡唯一限制你的是你的想像力。」我相信，在未來元宇宙的世界，有無數的新職業等著被發現，其多樣性會遠遠超出我們此刻的想像。但是，歷史上任何一次技術的更新迭代，都是一把雙面刃：一方面會創造出新的就業機會，為適應者帶來新的助力，甚至是一飛沖天的機遇；另一方面又會無情淘汰落後的職位，乃至整個行業，被淘汰者還沒反應過來，就永遠失去招架之力。

因此，站在未雨綢繆的角度，身為一個未來的「元宇宙人」，我們不妨先行思考以下三個問題：

問題一：你是否具備某一領域的技能，比如人工智慧、機器演算法、網路安全、資產評估等，且該領域知識在元宇宙環境下仍然適用？

問題二：你是否具有創意或藝術天分，能夠不斷推陳出新、創造新穎的作品，同時具備寫作、畫圖、設計、程式設計等「元宇宙基本功」？

6 元宇宙帶來了哪些啟發

問題三:你是否嚴謹且善於思考,在個人資訊保護、數位知識版權、社群治理架構、數位資產投資、商業模式創新等方面有獨到的見解?

相信上述問題雖不能窮盡元宇宙時代的職業危機,但仍可以給予人啟發。同時,我們也要深知,歷史的洪流滾滾向前且永不可逆,當新的技術變革已經兵臨城下,當人工智慧和智慧機器人已經對接手我們的工作摩拳擦掌,我們唯有積極改變、背水一戰,用不斷地突破和學習,讓自己的思維和能力能夠持續跟上時代的步伐,如此才能在充滿未知的元宇宙時代裡,扛住挑戰、抓住機遇。

國家圖書館出版品預行編目資料

元宇宙革命，科技驅動的 AI 新紀元：遊戲產業 × 數位經濟 × 金融支付 × 智慧駕駛……深入探索虛擬世界，掌握數位時代新趨勢！／劉奕含 著 . -- 第一版 . -- 臺北市：樂律文化事業有限公司, 2024.08
面；　公分
POD 版
ISBN 978-626-7552-08-7(平裝)
1.CST: 虛擬實境 2.CST: 數位科技
312.8　　113011286

電子書購買

爽讀 APP

臉書

元宇宙革命，科技驅動的 AI 新紀元：遊戲產業 × 數位經濟 × 金融支付 × 智慧駕駛……深入探索虛擬世界，掌握數位時代新趨勢！

作　　者：劉奕含
責任編輯：高惠娟
發 行 人：黃振庭
出 版 者：樂律文化事業有限公司
發 行 者：崧博出版事業有限公司
E - m a i l：sonbookservice@gmail.com
粉 絲 頁：https://www.facebook.com/sonbookss/
網　　址：https://sonbook.net/
地　　址：台北市中正區重慶南路一段 61 號 8 樓
8F., No.61, Sec. 1, Chongqing S. Rd., Zhongzheng Dist., Taipei City 100, Taiwan
電　　話：(02) 2370-3310　　傳　　真：(02) 2388-1990
律師顧問：廣華律師事務所 張珮琦律師

定　　價：299 元
發行日期：2024 年 08 月第一版
◎本書以 POD 印製